奇异的岩石

走进地理世界丛书

ZOUJIN DILI SHIJIE CONGSHU

本书编写组◎编

世界图书出版公司

广州·北京·上海·西安

图书在版编目（CIP）数据

奇异的岩石／《奇异的岩石》编写组编著. —广州：
广东世界图书出版公司，2009．12（2024.2 重印）
ISBN 978－7－5100－1625－7

Ⅰ.①奇⋯　Ⅱ.①奇⋯　Ⅲ.①岩石学－青少年读物
Ⅳ.①P58－49

中国版本图书馆 CIP 数据核字（2009）第 237632 号

书　　名	奇异的岩石
	QIYI DE YANSHI
编　　者	《奇异的岩石》编写组
责任编辑	程　静
装帧设计	三棵树设计工作组
出版发行	世界图书出版有限公司　世界图书出版广东有限公司
地　　址	广州市海珠区新港西路大江冲 25 号
邮　　编	510300
电　　话	020-84452179
网　　址	http://www.gdst.com.cn
邮　　箱	wpc_gdst@163.com
经　　销	新华书店
印　　刷	唐山富达印务有限公司
开　　本	787mm×1092mm　1/16
印　　张	10
字　　数	120 千字
版　　次	2009 年 12 月第 1 版　2024 年 2 月第 11 次印刷
国际书号	ISBN　978-7-5100-1625-7
定　　价	48.00 元

前　言
PREFACE

　　自然界中存在着各种各样的岩石，地表上陡壁悬崖，海底下怪石嶙峋。岩石组成了整个地壳。地壳深处和上地幔的上部主要由火成岩和变质岩组成，从地表向下 16 千米范围内火成岩和变质岩约占 95%。地壳表面以沉积岩为主，约占大陆面积的 75%，海底几乎为岩石覆盖。地球可以说是一个岩石世界。

　　从微观上看，自然界中的岩石形形色色，有颜色艳丽、外形美观的宝石，有玉质细腻、质地致密的玉石，还有各种有奇异功能（可以燃烧、自然发光、治病功能等）的怪石。

　　从本质上看，岩石是一种或几种矿物有规律地组成的集合体。把岩石放在显微镜下观察，可以看出其中所含有的基本组成物质——矿物。有些岩石的组成矿物颗粒较大，用肉眼也能看清楚，例如，在花岗岩中，那些乳白色的用小刀都划不动的是石英，那些肉红色的、用小刀可以刻出痕迹的是长石，那些一闪一闪的小片则是云母。根据岩石中矿物的成分颗粒大小、形状和排列方式，可以确定岩石的种类。各类岩石都有其较为独特的外表特征，如岩浆岩常有颗粒状的矿物颗粒，沉积岩有一层层明显的层理，而变质岩中的片状、柱状和板状矿物常常平行排列。

　　不同类型的岩石还能形成各自特有的矿产，如许多有色金属都存在于岩浆岩中，而煤、石油等则生存在沉积岩里。有的岩石本身就是有用的矿产，如大理石、石灰岩、花岗岩等。此外，各种类型的岩石还形成了自然界中独特的岩石地貌和岩石景观，如喀斯特地貌、路南石林等。

目 录

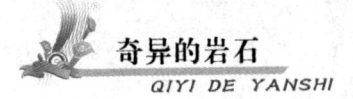
自然界中的奇异岩石

岩石的涵义及岩石的来源

YANSHI DE HANYI JI YANSHI DE LAIYUAN

岩石的历史可谓久远，在地球形成之初，地核的引力把宇宙中的尘埃吸过来，凝聚的尘埃就变成了山石，经过风化，变成了岩石，算起来，岩石有几十亿年的历史。实际上，对岩石的研究早在古代就已经开始了，古人还将其应用到生活生产的多个领域。时至今日，关于岩石的知识已经形成了一门学问——岩石学，对岩石的研究也已经非常深入了，对岩石的涵义和来源也做出了科学的解释和界定。

岩石的定义及类别

岩石是指地壳和上地幔中由各种地质作用形成的固态物质。岩石是由一种到几种矿物或天然玻璃组成的、具有稳定外形的矿物集合体。

对这个定义作一下分析，便能清楚地看出岩石的涵义了：

1. 岩石是火山爆发、岩浆活动等内力地质作用和海洋、河流、湖泊、风、冰川等外力地质作用的产物。因此，人工制造出来的工艺岩石，如人造大理岩就不能叫做"岩石"。而其他星球上的岩石则常常加上定语，如"月岩"是指月球上的岩石，"宇宙岩石"是指其他星球上的岩石。

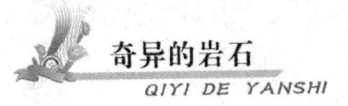
2. 岩石是由一种或几种矿物或天然玻璃组成的集合体。大理岩是由一种矿物——方解石组成的岩石，花岗岩则是由长石、石英和少量深色矿物组成的岩石。

3. 岩石是具有一定形态的矿物集合体。因此，那些无一定形态的液体——石油、气体——天然气，以及松散的砂子、泥土等都不能称作岩石。

地球的表面崎岖不平，高山、大海、河流、湖泊纵横交错，织成了一幅幅锦绣河山。高山上分布着奇岩怪石，河岸边耸立着陡壁悬崖，广阔的海底在淤泥底下就是坚硬的岩石。岩石组成了整个地壳。

岩石组成的地壳，可分为大陆型地壳和大洋型地壳两种。大陆型地壳平均厚度约 33 千米（我国西藏高原可达 50～70 千米），从上到下，由沉积岩层、花岗岩质层和玄武岩质层构成。大洋型地壳平均厚度为 6.8 千米，自上而下为海底沉积物和玄武岩等。地壳上各种岩石的分布是很有规律的，比如，大多数玄武岩分布在海洋底部，组成洋壳；花岗岩分布在陆地上，构成陆壳；而安山岩则往往出现在褶皱带附近，构成岛弧；超基性岩出现在深断裂带，呈带状分布。

众所周知，世界上有生命的东西（如动物、植物）年龄有大小之分。有趣的是，岩石的年龄也有大小之分。科学工作者在格陵兰发现了年龄为 40 亿年左右的岩石。目前多数人认为，地球的年龄为 46 亿年。中国科学院地质研究所在河北的迁安一带，发现了我国最老的岩石，其年龄约为 36.7 亿年。此外，泰山的岩石也比较古老，大约有 24 亿年了。那么，是否有年龄较小的岩石呢？有，在沉积岩中要算天涯海角一带的"海滩岩"年龄小，岩石中竟然有第二次世界大战时的钢盔和罐头瓶。在火成岩中则要算最近的火山爆发所形成的熔岩了。

1963 年 11 月，大西洋的洋面上风平浪静，一艘渔船正在冰岛南部的海面上作业，他们在希鸟岛西南 20 千米处，突然看到从海里冲出一缕青烟。一星期后，烟雾越来越浓，海底传来隆隆声。当时，腾空而起的火山灰柱高达 174 米，空中浓云密布，雷声大作。从火山口喷出的火山弹呼啸着落到海里，激起浪花，海面上弥漫着大量的水蒸气。火山喷发延续了两个月又十七天，于 1964 年 1 月 31 日，海面上露出一座新生的火山岛，这就是著名的苏特西岛。苏特西岛高出海面 150 米，岛的形状像一个梨，在 2.8 平方千米面积的土地

上，布满了条纹状和绳状的熔岩。组成这个岛屿的熔岩年龄可以说是比较小的了。

各个不同时代的岩石，组成了闻名于世的山水名胜。传说，三山五岳是我国古代神仙居住的地方。三山又称"三神山"，实际上是不存在的。五岳则是我国五大名山的总称，即东岳泰山，西岳华山，北岳恒山，中岳嵩山和南岳衡山。唐玄宗、宋真宗曾封五岳为王、为帝。明太祖尊五岳为神。其实，五岳都是由岩石组成的山峰，只是山势挺拔，气

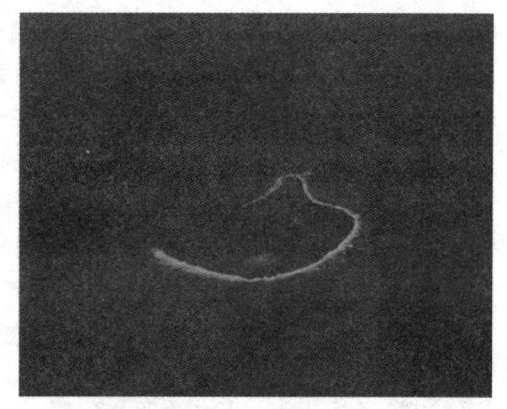

从海底冒出来的苏特西岛

势雄伟罢了。五岳之首为东岳泰山，屹立在华北大平原东部，是一种由变质岩——片麻岩构成的断块山；"五岳独秀"的南岳衡山，耸立于湖南衡阳盆地湘江之滨，是舜、禹等南巡到达的地方，山上七十二峰均由花岗岩组成；以险峻闻名的西岳华山，位于陕西省华阴县，也由花岗岩组成；北岳恒山，在山西省东北部，由变质岩组成；位居中原的嵩山，古称中岳，在河南省登封县北，那里是 18 亿~20 亿年前形成的坚硬的石英岩。此外，佛教圣地峨眉山的山顶是由二叠纪的玄武岩组成的。所以，天下名山，无不与各种岩石的性质有关，如组成山体的岩石比周围岩石坚硬，就会造成山体突兀于群山之上的地形；组成山体岩石节理发育，山上就会形成众多的奇峰异石；组成山体是易溶的石灰岩，就会形成秀丽的石林和溶洞。

地面上所见到的岩石虽然千姿百态、五彩缤纷，但从岩石成因上来看，它们可归纳为

火成岩

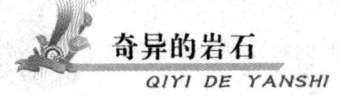

奇异的岩石

QIYI DE YANSHI

三大类，即火成岩、沉积岩和变质岩。

火成岩一词，来源于拉丁文，是"火焰"之意。火成岩也叫岩浆岩，是由天然岩浆冷却结晶和凝固而成。如玄武岩、花岗岩等都是火成岩。人们经常说火山爆发，实际上岩浆喷出地表时，并没有火焰，火山也不是燃烧着的山。但是火山中确实蕴藏着巨大的热量，在火山喷发物中真正可以燃烧的成分，只有少量的氢气，而氢气燃烧所产生的火焰，人们又很难看到。那么，"火"是怎么回事呢？原来，那是火山中炽热的熔岩流在其上部蒸气中，反射出红色灿烂的光辉，看上去像是着了火一样。火山中喷出的滚滚"浓烟"也不是普通的浓烟，而是浓厚的气体和水蒸气，它之所以有时呈黑色，好似滚滚浓烟，是因为在喷出物中混有大量火山灰的缘故。

沉积岩

沉积岩一词来源于拉丁文，是"沉淀"的意思。有人称沉积岩为"水成岩"，其实这种称呼是很不确切的。因为沉积岩并不都是水成的，还有风成的、冰川成的，有时有火山物质和宇宙物质的掺入等。例如火山爆发时的火山灰，落到地上形成凝灰岩；陨石等宇宙尘埃也掺在沉积岩中；还有戈壁沙漠里的砾石、砂子是风成的。唐代诗人岑参早已认识到这一点，他写道："一川碎石大如斗，随风满地石乱走。"就是说，在沉积岩的形成过程中，风可以搬运和沉积某些沉积物。此外，科学家们还发现，在珠穆朗玛峰距今2.5亿年前形成的地层里，有一套杂砾岩，其中的砾石、砂子和泥土是由冰

变质岩

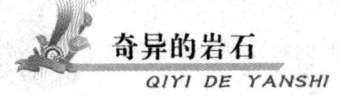

川搬运后沉积形成的。所以，把沉积岩叫做水成岩是名不符实的。

变质岩一词来源于希腊文，是"形态的变化"的意思。这一类岩石在地壳深处，在极高的温度和很大的压力条件下，由原来的岩石，如火成岩、沉积岩发生变质而成的，例如板岩、千枚岩、片岩和片麻岩等。

据地表各种岩石出露的情况推测，地壳上以岩浆岩为最多，从体积来看，它占所有岩石的64.7%，变质岩占27.4%，沉积岩占7.9%。但是数量较少的沉积岩，在地表的分布却占所有岩石分布面积的75%。

地质作用

地质作用是指由于受到某种能量（外力、内力、人为）的作用，从而引起地壳组成物质、地壳构造、地表形态等不断的变化和形成的作用。其中内力作用使地球内部和地壳的组成和结构复杂化，造成地表高低起伏；外力作用使地壳原有的组成和构造改变，夷平地表的起伏，向单一化发展。地质作用主要分为构造运动、岩浆活动、地震作用、变质作用、风化作用、斜坡重力作用、剥蚀作用、搬运作用、沉积作用和硬结成岩作用等。

岩石的组成、结构、构造、成因

几百年以来，对于岩石的研究已经发展成为一门学科，这就是岩石学。它的任务主要是研究岩石的物质组成、结构、构造、产状、成因、分布情况以及有关的矿产等，岩石的学问是相当丰富的。

岩石是由矿物组成的。目前已经知道的矿物有3000多种，但常见的岩石中，只含有10多种矿物，其中经常看到的有长石、石英、辉石、角闪石、橄榄石、云母和方解石等。它们占岩石中所有矿物的90%以上。

绝大多数矿物都是晶体，它内部的原子或离子都按照一定秩序、有规律地排列起来，组成具有一定结构、一定形状的固态物质，称为结晶矿物。绝大多数岩石是由结晶矿物组成的。例如，我国旅游胜地黄山、九华山上的花

岗岩，都是由结晶矿物组成的。但是，自然界也有极少数的岩石是非结晶物质——玻璃质组成的，如具有隔热隔音性能的珍珠岩。

珍珠岩

在岩浆岩中，经常还可以看到一些饶有趣味的矿物组合关系。如在肉红色的板状钾长石晶体中，镶嵌着尖棱状的烟灰色石英晶体，俨如古代的象形文字，岩石学家称它为文象结构。

伟晶岩文象结构带

在海洋、湖泊和河流环境里形成的岩石，往往包含有较多的水生生物的骨骼，形成生物结构。而沉积岩结构大都很像南方的花生糖和芝麻糖那样，原来岩石风化破碎成的矿物碎屑及岩屑像花生粒和芝麻粒，胶结物就像糖一样把它胶结起来，这就是胶结结构。

黏土矿物胶结

岩石中各种矿物的排列情况也是多种多样的。火山爆发时，熔浆边流动边凝固，造成不同颜色的矿物、玻璃质和气孔沿一定方向呈流状排列，就像河里放木排一样，可以指示熔浆流动的方向，称为流纹构造。海底火山爆发时，熔岩流在海水中形成枕头状，一块一块互相叠堆，称为枕状构造。

有些岩石中的暗色矿物和浅色矿物相间呈条带状排列，称作条带构造。

玄武岩枕状构造

沉积岩往往是成层状产出的，有的层薄得像纸一样，有的厚达几米。采石工人采石时，凭经验，他们总是顺着岩石的层理开采。岩石的层理是由沉积物的颜色、成分和颗粒大小的不同显示出来的。在有的层面上，还可以见到当时的波浪痕迹。这种痕迹，古代叫做砂

条带状构造

痕，现在叫做波痕。

岩石的学问，不仅在于它们的组成矿物的多样性、结晶形状的差异性和构造的多变等方面，而且还表现在成因、分布规律与矿产的关系上。几百年来，许多岩石学工作者，夜以继日、年复一年地埋头于岩石研究，在岩石里探索着它的奥秘。

19 世纪中叶，岩石学开始成为一门独立的学科。当时资本主义工业迅速发展，对矿产资源的要求与日俱增，随着矿业的发展，积累了大量的矿物和岩石资料，推动了岩石学的发展。在岩石学的发展史上，偏光显微镜的出现是一个转折点。1828 年，尼柯尔发明了偏光镜，并装制成了偏光显微镜。后来，英国的索尔比制成岩石薄片，于是开始了用显微镜研究岩石的新时代。

波 痕

岩石的研究，大致上可以分为两个阶段。第一阶段是野外地质调查，目的在于弄清岩石的产出状态，与周围岩石的关系，岩石的矿物成分、结构、构造，并大体确定岩石的类型和名称等。第二阶段是在实验室里用各种仪器，如偏光显微镜、X光衍射分析、光谱分析、红外光谱分析、化学分析，对岩石的矿物成分和化学成分作比较精确的鉴定，并对岩石所含微量元素作大型光栅光谱、X荧光光谱、质谱和中子活化分析等。

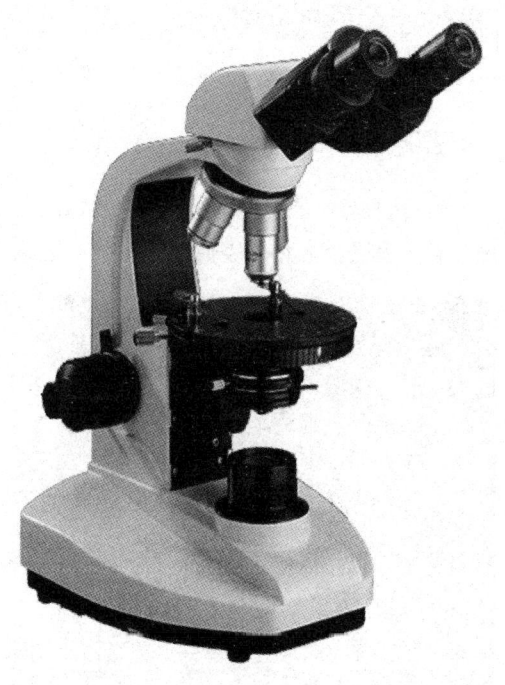

偏光显微镜

岩石虽然只占地球质量的0.7%，占地球总体积的1.4%。然而，这是一个不小的数字，它的体积竟达 1.5×10^{19} 立方米，质量有 4.3×10^{19} 吨。而今，我们能直接观察到的岩石，只是很小的一部分，了解也是很肤浅的。我们深信，随着科学的发展，对于岩石的研究会更深刻，岩石的学问肯定会比现在要多得多。

矿　物

矿物指由地质作用所形成的天然单质或化合物，具有相对固定的化学组成，呈固态者还具有确定的内部结构。矿物在一定的物理化学条件范围内稳定，是组成岩石和矿石的基本单元。已知的矿物约有3000种左右，绝大多数是固态无机物，液态的（如石油）、气态的（如天然气）以及固态有机物（如油页岩、琥珀）仅占数十种。

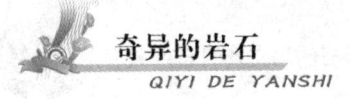
有关岩石的名词术语

岩石圈

岩石圈是地壳和地幔顶部的坚硬岩石部分。厚度约 50～150 千米。为地球坚硬的表层，虽然外表僵硬，但它在运动中却显示出力量和生机。现在地球上海洋和陆地的位置并不是固定的，有人利用电子计算机把七大洲像拼七巧板一样，拼合得天衣无缝。20 世纪初，德国科学家魏格纳认为：大约在 2 亿年前，地球上只有一个洋，所有大陆也都连成一片，后来被裂缝分开，才分离出今天的大洲和大洋。到 20 世纪 50 年代后期，由于人们对地球构造的研究从陆地深入到海洋，经过各种调查，了解到世界各地的巨大山脉大多是由海底隆起而形成的，组成这些山脉的岩石厚度已超过 1 万米。

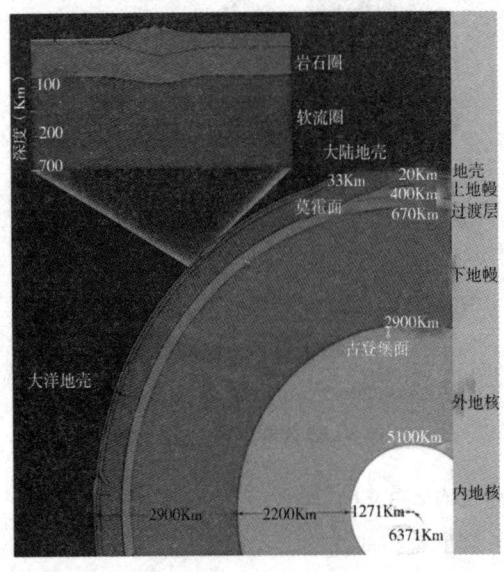

岩石圈

薄薄的地壳具有隔热功能，使地核和地幔的热量聚在地幔的上部界面附近，把岩石形成炽热的岩浆，通过海洋中脊朝地面上挤，正是这种力量导致地球表面像巨大的拼板那样来回移动。

层　理

层理是地壳岩石中一层叠一层的构造。在沉积岩中，由于成分、粗细以及颜色等的逐渐变化，相互更替形成的层层相叠的现象，是沉积岩的重要特征。这是怎样形成的呢？原来沉积物在堆积时，颗粒粗大的砾石最先沉积，

依次过渡到砂、粉砂、黏土。春夏之际，水量大，沉积物粗，有机质不易保存，颜色略浅。秋冬之际则相反。不同的年份也不一样，如平常年份洞庭湖里每年泥沙淤积在湖底的厚度是 3 厘米，大水年份要增加到 4 厘米以上。这样周而复始，便形成了富有韵律、节奏明显的成层构造。所以，沉积岩中重重叠

层　理

叠、暗淡相间的层理，犹如地球的史册，记录着岩石沉积时地球环境条件的变迁。

万卷书

万卷书是重重叠叠的薄层岩石，它们的颜色黑白相间，层次分明，平卧在山野，从侧面望去，宛如横锦 V 在地上的一叠叠书页。中国山东省临朐县山旺这个地方，就有一部举世闻名的大自然的巨著——山旺"万卷书"。原来，在 1000 多万年前，这里是一个水平如镜的湖泊，一种形体微小的硅藻繁殖得特别茂盛，夏天硅藻死亡少，而且死后容易分解不易保存下来；冬天水

山旺"万卷书"

枯，泥沙减少，死亡的硅藻、凋落的树叶等有机物质大大增多，有利于有机质在沉积物中保存下来。夏天形成的色浅，冬天形成的色暗，层次分明又比较薄，看起来就很像书页了。中国许多地方都有像这样的"万卷书"。其中贵州省梵净山自然保护区的许多万卷书，层理清晰，

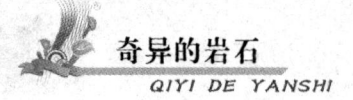

其薄如纸，平正地铺叠在大地上，加以许多竖向节理切割，构成凌空垒叠的"万卷书"奇观。不仅造型奇特，而且给人以丰富的联想。

走 向

走向是地质体在地面上的延伸方向。通常是由构造面积水平面的交线——走向线的方向来表示。根据不同的构造面，分别称为岩层面走向、断层面走向、节理面走向、褶皱轴面走向等，山脉的走向也就是山脊线的方向。走向可以用罗盘测定。如果山或谷两翼地层的走向是平行的，那么两翼地层在沿走向延长的方向上是永不相交的。但是两翼地层走向不平行，那么一定会在一个方向合拢，而在另一个方向散开。杭州南高峰和玉皇山之间的青龙山，它的两翼岩层走向是不平行的，所以青龙山的两翼岩层在东北方向慢慢合拢，并且向西湖方向倾伏。山区的公路和铁路的路基常常沿岩层的走向盘山而筑，连中国古代修建的雄伟的万里长城与岩层的走向也是一致的呢！

倾 向

倾向地质构造面由高处指向低处的方向。它与走向垂直，可以用层面上与走向线相垂直并沿斜面向下的一条倾斜线在水平面上的投影所指的方向来表示。所以在野外测定产状要素时，往往只要记录倾向和倾角就可以了。在有的工程建设中必须了解岩层的倾向，例如，蓄水库要求岩层的倾向是向着蓄水库的，这样水库就不会漏水。若岩层的倾向相反，而且地层中又是易于透水或溶蚀的岩层，水库就不可避免要漏水。

倾 角

倾角是岩层层面与水平面所成的夹角，用来表示岩层倾斜的程度。它用层面上与走向线直交的倾斜线和水平面的夹角来表示。我们常见野外弯曲的岩层倾角是不对称的，杭州飞来峰东南翼岩层较西北翼岩层倾角大，南、北高峰之间的青龙山两翼的倾角也是不对称的。当岩层倾角大于45°时，岩层表现为极陡峻的倾向，有的甚至为直立的岩层，表明这些岩层的埋藏条件受到很大的破坏。如果岩层成分又含有粘质岩石，人们应该注意这些岩层可能会滑落崩塌，不能在这里修筑重要的建筑物。

整 合

整合是新老两岩层的走向和倾向基本一致，而且它们之间在沉积过程中没有间断的一种接触关系。这种现象产生的原因，主要是沉积地区的地壳很长时间都比较稳定，地壳可能缓慢地下降，沉积地区不断接受沉积物；或者地壳虽然在上升，但是沉积地区还能不断接受沉积物，于是就形成层次分明、层层相叠的岩层。仔细观察岩石的性质，会发现它们是渐渐地变化的，如果能够找到生物化石的话，会发现生物也是渐渐地变化的。如果岩层中的颗粒从下向上由粗变细，例如由砂岩逐渐变为砂质页岩、页岩、泥质页岩……那么就可以判断岩层在沉积时，地壳是在不断地下降；反过来，就是在缓慢地上升。借助整合，可研究岩层形成时的环境。

不整合

不整合是新老两岩层的产状明显不一致的接触关系。当水平沉积的沉积物强烈地变位形成褶皱以后，新的沉积物在褶皱上形成水平层理的覆盖层，我们就可发现岩石的上下地层"不和谐"的接触。

在河南登封县少林寺一带，不仅庙宇壮观、景色迷人，而且这里出露的两种岩层，上面是近于水平的砾岩，下面的紫红色页岩则与砾岩有个交角，两种岩层接触是斜交的，看上去非常不和谐，像在"吵嘴"。这儿不和谐的岩层接触现象是怎样形成的呢？在距今 6.2 亿年左右，华北地区曾发生了一次比较强烈的地壳运动，使原先水平的页岩隆起成山，过了 1 亿年后，地壳又下降，又有新的沉积物沉积在上面，于是就有了不和谐的两层岩层。这是很典型的不整合。不整合现象不仅能说明地壳运动、古地理环境和古生物的变化，而且可以指明某些矿产的分布。不整合面上常富集铝、铁、锰等重要的矿产资源。

假整合

假整合也称"平行不整合"，是新老两岩层的产状大致相同，但是它们之间有广泛而明显的剥蚀面的接触关系。在地壳运动比较稳定的沉积层的老岩层，由于地壳平缓地上升而露出水面，受到风化剥蚀。一个时期中地壳没有

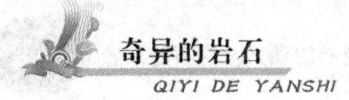

发生强烈的运动，以后地壳又平缓地下降，在剥蚀面上又沉积了新的岩层，这样就形成了假整合。露出水面的老岩层如果遭受剥蚀比较强烈，时间又长，常常会形成起伏不平的形状，相反，表面就比较平整，这也就是当时的地貌。遭受剥蚀的岩层表面，那些破碎砾石很难被搬走，新的沉积物包围住它，经过粘结和压实便形成了一层砾岩层，它是新岩层的底部，所以又叫"底砾层"，这是判断假整合的一个明显标志。

褶 皱

褶皱是岩层产生像波浪一样弯曲的现象。把一块布摊平在桌面上，用手从两边向中间一挤，就会看到波浪般的弯曲。同样的道理，强烈的地壳运动会使水平岩层产生褶皱。一个弯曲叫做"褶曲"，可以分为向上拱起的背斜和向下拗曲的向斜。褶皱是地表形态的基础，褶皱大时，会形成峰峦起伏的山脉，世界上许多高山都是褶皱山脉，如亚洲的喜马拉雅山和欧洲的阿尔卑斯山脉都是褶皱山脉。如果你留心注意采石场、公路或者山崖的岩壁，有时会发觉弯曲的岩层，这是规模较小的褶皱。最小的褶皱还能放在手掌上呢！

背 斜

背斜是岩层向上凸起的褶曲。在岩层沉积形成的过程中，总是老的岩层在下，新的岩层在上，所以向上凸起之后，老的就在中间，新的则分列在像屋顶似的两翼上了。如果背斜出露地表，而且没有受到剥蚀破坏，我们只要看它的形态就能认出它来。但是在外力作用的长期侵蚀下，形态往往会遭受破坏，那么就只能根据新的岩层在两翼、老的岩层在中间的标志来辨认了。判别岩层的背斜在生产建设中很有意义，譬如我们在地表发现了两处煤层的露头，它们向外倾斜，如果简单地把它认为是向斜，以为地下煤层会相连，这就错了。其实它的中间是老岩层，而两边倒是新岩层，原来是一个被剥蚀的背斜，地底下的煤层不会相连。如果贸然往下打井，找不到煤层，会浪费精力和物力。

向 斜

向斜是岩层向下凹进的褶曲。从岩层的新老关系排列来看，中心部分岩

层较新，而两翼岩层则越来越老。在野外，我们可以根据这个规律来辨认，当你站在杭州飞来峰南面公园的草坪上望飞来峰，可以见到那里的石灰岩的形态是一层一层向下弯曲着，这就是飞来峰向斜层。假如我们从天马山向西北走，穿过飞来峰直奔北高峰，在路上先会看到时代较老的砂岩，中途看到时代较新的飞来蜂石灰岩，最后又出现了时代较老的砂岩。但是在长期的外力侵蚀作用下，由于岩层遭到不同程度的破坏，改变了地形的原貌，也会出现背斜成谷、向斜反而成山的地形倒置的现象。一般认为，在向斜地区建设水库有利于蓄水。

断　裂

断裂是岩石承受不了所受到的作用力时产生的破裂。岩石有弹性，受力时会像橡皮筋那样改变形态。外力解除后，就能恢复原状，不过它的弹性不大，超过一定范围时，就不能恢复原状而破裂了。按岩石破裂状况，可分为节理、劈理和断层三类。破裂的程度有强有弱，规模也有大有小。大的一条断层长达几千千米，沿断裂面错动的距离也有几十千米，断裂深度可达地壳底部。小的则在一块岩石上就有许许多多的节理，在北京中山公园有个社稷坛，西边台阶的大理石上布满了密密麻麻的裂缝，很有规律地彼此交叉着，组成了一个个菱形的格子。科学家们常根据这些图像来研究地壳运动的方向，他们认为锐角所指的方向，就是当初大理石在地壳中所受到压力的方向。

节　理

节理是岩石断裂的一种形式。和断层不同，它的破裂面两侧的岩石没有明显的相对移动。几乎所有的岩石中都有节理，多半成群出现，大小不一，疏密不足，有的相互平行，有的纵横交错。节理往往是岩石较薄弱的地方，长期的外力作用会使它

节　理

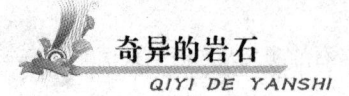
风化剥蚀掉，犹如经过鬼斧神工的雕琢切削，形成令人叹为观止的奇景。有的像插在地上的一炷巨香；有的如地底冒出的巨笋直指青天；有的成了巨石相夹的石缝，抬头只能望见一线天空；有的变为悬石危岩中的羊肠小道。富含节理的岩层有利于地下水的运动和聚集，常会出露泉水和瀑布。节理多的岩石容易破碎，所以在修筑隧道、矿井、坑道等地下工程前，必须先对节理状况作详细地调查，以防可能引起的破坏作用。

断　层

断层是沿着断裂面（带），两侧的岩层发生明显的上下或左右移动的一种断裂。断裂面称为"断层面"，两侧的岩块称为"盘"。如果断层面是倾斜的，在断层面上面的一盘称"上盘"，下面的一盘称"下盘"。如果断层面是直立的，往往以方向来说明，如东盘或西盘，左盘或右盘。根据断层的两盘相对移动的状况可分为正断层、逆断层和平移断层。断层规模大小不等，1976年唐山发生地震后，我们在那里可看到，原来平坦的道路变得坎坷不平，上下错动60~70厘米，水平方向的错距更大，达到120厘米，甚至250厘米，使林荫道旁原来排成一列的树木，被断裂错开成为不连续的两行。两侧岩层垂直错动最大的一次，要数1899年在美国阿拉斯加大地震所创的141米的记录。断层同样存在于海底，如东太平洋海底高原被东西方向的十几个断层分隔开来，这些断层各自向东西方向延伸了1600千米。断层会形成奇特的景观，如由于秦岭上升而形成的华山，就是一座以险峻闻名于世的断层山，而下降的一侧由流水带来泥沙充填，造成了八百里秦川的沃野。在台湾东海岸，雄伟的海岸悬崖也是大断层创造的奇迹。不过断层也会带来危害，它是导致地震的重要原因，所以工程建筑及水利建设时必须考虑断层这个因素。

正断层

正断层是断层的上盘沿着断层面相对下降，下盘相对上升的断层。断层面倾角较陡，通常在45°以上。正断层形成时岩层沿着地壳的裂缝发生错动，于是地层的水平距离被拉长了。在地形上，有的形成平直的陡崖，有的沿断层线常表现为河谷、冲沟，有的出现泉和湖泊等。在自然界，断层往往成群出现，一般两条或两组正断层之间的岩块相对下降，两边岩块相对上升。相对下降的岩块叫地堑，它常形成狭长的凹陷地带，如东非大裂谷、欧洲的莱茵河谷、中国陕西省的渭河谷地和山西省的汾河谷地。一般两条或两组正断层之间的岩块相对上升，两边岩块相对下降。相对上升的岩块叫地垒，它常形成块状山地，如天山、阿尔泰山、庐山、泰山等。

逆断层

逆断层是上盘沿着断层面相对向上，下盘相对下降的断层。这种挪动岩层的现象是怎样形成的呢？它与水平挤压运动有关。当岩层两侧受到强烈的挤压发生褶皱，而且使向斜和背斜中间产生裂缝时，一侧岩层沿断裂面推进，覆盖在另一侧岩层之上，然后出现了岩层上盘掩盖着下盘的现象，使年代老的岩层，覆盖在年代较新的岩层上，于是地层的水平距离也有了显著缩短。循岩层断裂带，岩浆活动、含矿溶液乘隙而入，形成金属矿床。逆断层与金属矿床的形状和位置有很大关系，当金属矿床被切断时，似乎突然消失，如果掌握了断层的性质和断开的距离，就可以判断矿床的去向，继续开采。

板块运动

板块运动指岩石圈分裂为板块的运动。这是科学家在大陆漂移和海底扩张的基础上提出的看法。岩石圈不是完整的一层坚硬外壳，而是由一块块板块构成的，它们像木块浮在水面上一样漂浮在软流层上面。粗略地可分为太平洋板块、亚欧板块、美洲板块、印度洋板块、非洲板块和南极洲板块等六大块。随着软流层的运动，各个板块也发生水平运动。它们可以相互分开、聚合、移动。板块运动会激起地震和火山活动，会造海建山，改变地球的外貌。例如，

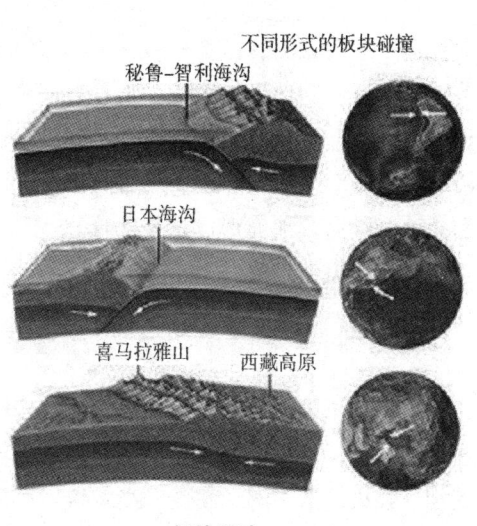

不同形式的板块碰撞

秘鲁-智利海沟

日本海沟

喜马拉雅山　西藏高原

板块运动

地球上本没有大西洋，大约在 2 亿年前，美洲、欧洲和非洲之间出现了裂缝，板块分开，裂缝便扩大为 S 形的大西洋，原来是欧洲大陆一部分的英国，也在这个运动中分离成和欧洲大陆隔海相望的岛屿。

熔岩流

熔岩流是火山爆发时液态喷发物。熔融状态时的熔岩，就像炼钢炉中的钢水，它的温度一般在 1100℃ 左右，最高可以达到 1300℃。温度高、流动性

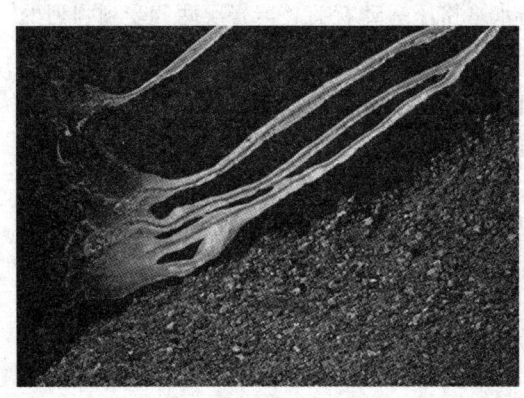

熔岩流

强的熔岩自火山口溢出地面，像火山口伸出的一条巨大舌头不断地向前伸展，当熔岩来源充足、地势适宜时，熔岩的流动范围会很广很远。例如，公元 1783 年冰岛拉基火山在喷发时，喷出的熔岩体积在 12 立方千米以上，被熔岩流所覆盖的面积约为 565 平方千米，熔岩流长达 70 千米，犹如一条条长长的火河

奔流而下。熔岩流的速度一般为 15 千米/时，除与熔岩的成分、性质和温度有关外，还受到地形的影响。随着温度降低，以及所含气体的逐渐散失，速度便要减慢，直到停止。如熔岩温度高、地形坡度陡时，流速也就快，如果流入河谷中，受河床的约束，还会加快流动，曾有过 45 ~ 65 千米/时的记录。熔岩流凝结后在地面形成特殊的形态，如绳状、块状、枕状以及熔岩钟乳等千姿百态的自然景象。

熔岩湖

熔岩湖在火山口或破火山口的洼地中，蓄积的不是一般的水，而是聚集了能长期保持液态、高温熔融的岩浆。它下连火山通道，四周有凝固的熔岩堤坝，在火山活动时，湖面升高，熔岩可越过堤坝，向外溢出，甚至向空中喷起。这种熔岩湖多数都是由流动性强的基性熔岩构成，面积时大时小。世

界上最典型、最活跃的熔岩湖是夏威夷岛基拉韦厄火山和扎伊尔尼腊贡戈火山的火山熔岩湖。尼腊贡戈火山坐落在非洲中部著名的维龙加火山群中，距戈马市约 20 千米，海拔 3470 米，20 世纪以来，火山活动频繁，在火山顶上的熔岩湖中熔融的岩浆翻滚，湖面像一弯新月，长 400 米、宽 100 米，火山活动时，湖面温度可达1200℃，并不断升起一股股

尼腊贡戈火山的熔岩湖

灰白色的烟柱。因此，山顶终年被浓密的火山烟雾笼罩着。1972 年和 1975 年，这个熔岩湖曾两次溢出和喷发，在相隔 100 多千米的地方，就可以看到喷发的壮丽景色，尤其是在戈马市看火山爆发时的夜景，如同观赏烟火一样，绚丽多彩。

 知识点

岩　层

岩层是指由两个平行或近于平行的界面所限制的同一岩性组成的层状岩石。除水平岩层成水平状态产出外，一切倾斜岩层的产状均以其走向、倾向和倾角表示，称为岩层产状三要素。

岩石的"水火"成因论战

地壳上存在着形形色色的岩石，有稀世之珍的各种宝石和玉石等，也有能燃烧、会发光的各种岩石；有供人们游览赏玩的奇石、怪石，也有毫不引人注目的铺路石、奠基石等。面对这些奇岩顽石，人们不禁发问：岩石从何

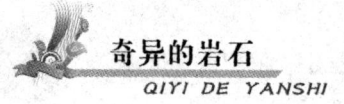

而来呢？岩石是如何形成的呢？我国古代曾有"天星坠地能为石"之说，这是指的陨石；古人看到高山上含螺蚌壳的岩石就说："此乃昔日之海滨也，"这是对沉积岩而言的。如果我们翻开地学发展史，在启蒙时代的地学界，曾经有过激烈的水火之争，这是一场十分有趣的岩石成因方面的学术论战。

1775年，德国年轻的地质学家魏尔纳，根据化学家波义耳关于晶体从溶液中结晶出来的实验，提出了花岗岩和各种金属矿物都是从原始海水中结晶沉淀出来的理论。魏尔纳完全否认地球上存在火山作用，并把现代的火山活动解释为煤和硫磺燃烧后剩下来的灰烬。他在哈兹看到花岗岩时，认为这里的花岗岩是"山脉的核心"，是原始地壳，断然否认这种岩石与岩浆活动有任何关系。他的弟子们都拥护他的主张，于是形成了以魏尔纳为首的水成学派。水成派的主要论点是：在地球生成的初期，地球表面全被滚烫的"原始海洋"所掩盖。溶解在这个原始海洋中的矿物质逐渐沉淀，从这些溶解物中最先分离出来的东西是一层很厚的花岗岩，随后又沉积了一层一层的结晶岩石。魏尔纳把结晶岩层和其下的花岗岩统称为"原始岩层"。他认为"原始岩层"是地球上最古老的岩石。他还认为，由于后来海水一次又一次下降，露出水平面的原始岩层，经过侵蚀又形成了沉积岩层。他把这些沉积岩层称为"过渡层"。他认为"过渡层"以上含有化石的地层，都是由"原始岩石"变化产生的东西。他硬说其中夹的玄武岩，是沉积物经过地下煤层燃烧形成的灰烬。

由于水成派主张所有的岩石和矿物都是从水中形成的，这个观点完全迎合了圣经中的洪水说，因而得到了教会的支持，从而成为当时最主要的地质学派。

许多在火山地区工作的地质学家以大量事实驳斥了水成派的观点。法国地质学家得马列，在法国中部一个采石场里，发现了黑色的典型的玄武岩，他一步步地追索这个玄武岩体，终于发现了喷出黑色的典型玄武岩的火山口。这一发现完全证明了玄武岩就是火山爆发出来的岩流。这个事实，给水成派以严重的打击。当人们要和得马列争论时，得马列却不愿意和反对者争辩，他只是说：你去看看吧！

主张岩石是由火山作用形成的地质学家，被人们称为"火成派"。

当水成派与火成派的争论传到英国苏格兰南部的爱丁堡时，酷爱地质学

的詹姆士·赫顿已经 50 岁了。他在综合了大量的地质资料以后，毅然参加了反对水成派的行列。由于他谦虚好学，待人诚恳，孜孜不倦地从事地质研究，所以深受大家敬重。在后来反对水成派的斗争中，赫顿成了火成派的领袖。

1785 年，赫顿在格仑·提尔特进行地质调查。在那里，他发现了花岗岩不是成层的，而是呈脉状产出的。由一个大岩体向外分枝，并贯穿了上覆的黑色云母片岩和石灰岩，在接触处还引起了石灰岩的变质。这一发现，完全证明了花岗岩的形成时间比石灰岩等岩石要晚，花岗岩是岩浆侵入作用形成的。

为了进一步证明从熔浆中可以结晶出各种矿物晶体的科学道理，赫顿的朋友霍尔特意从意大利维苏威火山地区运来火山岩，把它放在铁厂的高炉中熔化，再让它慢慢冷却，结果成功地证明了赫顿的火成论是正确的。

1788 年，赫顿公开宣布了火成论的观点。他认为：由石英、长石等多种矿物结晶所组成的花岗岩，不可能是矿物质在水溶液中结晶出来的产物，而是高温下的熔化物质经过结晶冷却而成的物体。他还认为组成玄武岩的颗粒，大部分也是从熔化状态下逐渐冷却而结晶的产物。

水成派和火成派的争论一直延续了几十年，斗争十分激烈。有一次，两派在苏格兰爱丁堡的古城下开现场讨论会，彼此的指责和咒骂达到了白热的程度，结果用拳头互相殴斗一场，才散了会。

当时，由于水成派借助于教会的势力，因此，火成派处于孤立地位。那时，赫顿连著作都无法刊印。1797 年，赫顿在一片围攻声中愤然去世。但火成派的其他志士仍高举旗帜坚持斗争。

后来，魏尔纳的大弟子布赫在法国和意大利的火山地区调查时，发现了火山岩的存在与煤层无关的事实。另一个大弟子洪堡德远渡重洋来到拉丁美洲，在厄瓜多尔首都附近皮晋查的火山口调查时，亲眼看着火山爆发，从此认识到了火山作用的重要性。他们二人对于水成派的反戈一击，就像一颗炸弹在水成派内部爆炸，使水成派瓦解了。

一度沉沦的火成派东山再起，赫顿的著作问世了，他们又活跃在学术领域。不过火成派在强调"火"的作用的同时，对"水"的作用并不否认。

历史上的水火之争，是水火不相容的。由于受科学水平的限制，两派的

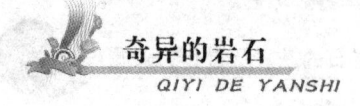

观点都不同程度地带有片面性。但是争论对于发展中的地质学来说，无疑是作出了一定贡献的，它使地质学向前推进了一步。

滚烫岩浆喷溢形成岩体

在非洲刚果（金）共和国的东部，耸立着一座雄伟的盾形山，海拔3470米。当地人称它叫尼腊贡戈火山。"尼腊贡戈"在当地居民的语言中，是"不要到那里去"的意思。看过电影"火山禁地"的人，都会对尼腊贡戈火山留下深刻的印象。山的顶部，有一个直径为1千米的喷火口，好像巨大的深坑，

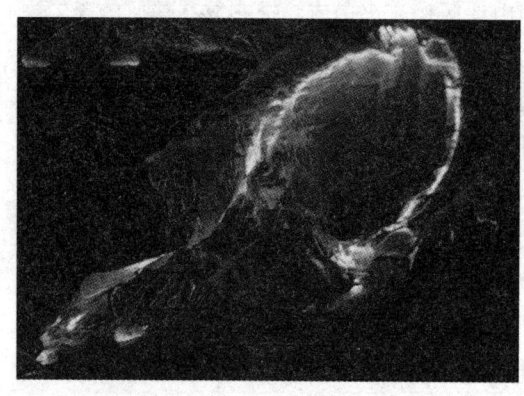

岩浆湖

四周布满了疏松的火山喷发物。就在这深百多米的坑底，有一个长100米，宽300米的岩浆湖，通红炽热的熔浆在湖中翻滚嘶鸣，仿佛是一炉沸腾的钢水，这是大自然的一种壮丽奇观。

美国夏威夷群岛上，基拉韦厄火山也有一个岩浆湖可与尼腊贡戈岩浆湖媲美。基拉韦厄也是一座盾形火山，海拔只有1247米，但它是直接从海底喷出的。如果把水下部分算进去，火山高度达6000多米。山顶上的火山口直径为4024米的椭圆形洼地，深度为130多米。在坑底的西南角，还有一个直径为1000米，深400米的圆形深坑，称为"哈里摩摩"，意思是"永恒的火焰之家"，这里长期存在着一个巨大的岩浆湖。从1851—1894年的40年间，它一共只消失过几个月的时间。

此外，太平洋中西萨摩亚萨瓦伊岛上的马塔伐努火山，在1905年大喷发的火山口里，曾有一个岩浆湖存在7年之久。其他还有一些岩浆湖，如（1938年）尼亚姆拉及拉、（1929年）维苏威、（1951年）硫磺岛和16世纪初中美洲尼加拉瓜的玛沙牙等都有过岩浆湖，但存在的时间都比较短。

岩浆湖里滚烫的熔浆温度高达1000℃~1100℃。岩浆湖上熊熊燃烧的火焰高达4米以上，温度高达1350℃。有人估计，1924年以前的哈里摩摩岩浆湖，每年释放出的热量相当于100万吨左右石油的热量。有人形容尼亚姆拉及拉的岩浆像稀粥一样，就是说岩浆的黏度不大。岩浆黏度的大小与含二氧化硅（SiO_2）的多少有关，含二氧化硅（SiO_2）在52%~65%的酸性岩浆，黏度比较大；含二氧化硅（SiO_2）在45%~62%的基性岩浆，它的黏度比较小，流动性比较大。

尼腊贡戈与哈里摩摩岩浆湖的湖面时而升高，时而降低。当地壳深部的岩浆受挤压而上升，到接近地表时，岩浆湖湖面就升高，反之则降低或者消失。在哈里摩摩岩浆通道的顶部，通常塞着一段半固态的熔岩，而液态的岩浆就从下面沿着裂缝涌出，上面形成一个深十几米的岩浆湖，有时湖上还会出现高达几米的岩浆喷泉。

岩浆湖的表面经常会产生暗红色的结皮，好像浮在铁水上的炉渣，堆积起来好像一大捆扭曲着的绳子；结皮不时破坏成饼状，再倾倒沉入白热的岩浆中去。岩浆里所含的气体不断地向外逸散，在湖面上形成一个个飞溅着的气泡，并且继续燃烧，发出很美丽的黄绿色火焰。

岩浆喷泉

地下深处蕴藏着的高温熔融物质，温度可达1000℃。岩浆湖里的岩浆就是从这里挤出来的。过去有人认为岩浆呈圈状包围着整个地球。从最近的地球物理资料看来，岩浆只是局部地存在于地壳深处。由于地质时代漫长，所以把岩浆看成是短时期内生成的较为妥当。当岩浆喷出地表后，喷发物堆积成山，就称为火山。如果岩浆在地壳内固结，就形成侵入岩体。

据统计，当今世界上活动着的火山有600多座。美国圣·海伦斯火山自1980年5月18日到1982年3月19日，喷出的火山物质约达427亿立方米。通过对火山物质的研究，便知道岩浆的基本性质。岩浆的成分很复杂，主要的化学成分是硅酸盐类。在岩浆中，二氧化硅的含量最大，其次是三氧化二铝、氧化亚铁、氧化钙、氧化镁、氧化钠、氧化钾和水，此外，还含有大量的挥发成分和成矿金属元素。按二氧化硅（SiO_2）的含量，可把岩浆分为四类：超基性岩浆，含二氧化硅（SiO_2）小于45%；基性岩浆，含二氧化硅（SiO_2）45%~52%；中性岩浆，含二氧化硅（SiO_2）52%~65%；酸性岩浆，含二氧化硅（SiO_2）大于65%。含二氧化硅（SiO_2）少的基性岩浆黏度小，流动性大；含二氧化硅（SiO_2）多的酸性岩浆黏度大、流动性小。

美国圣·海伦斯火山爆发时的情景

地壳深部和上地幔的岩石发生熔融，或者局部熔融而形成岩浆时，它的体积将急剧增大。因为地壳深部的内压力和温度都很高，如果地壳运动比较强烈，致使地壳发生断裂，从而出现局部压力降低的现象。此时，岩浆就必然沿着断裂带向上移动，上升到地壳上部，或喷溢出地面，这就好像高压水枪在高压下，水会从喷孔射出一样。

地壳深处的岩浆，也可以在向上运移的漫长道路上冷却凝固，形成各种各样的侵入岩体。最大的花岗岩体可达数千甚至上万平方千米。人们根据岩浆侵入的深度，分为深成侵入岩和浅成侵入岩两种。

火成岩是由硅酸盐矿物组成的。常见的矿物是长石、石英、黑云母、角闪石、橄榄石和辉石等。前两种称为浅色矿物，或称硅铝矿物，后四种称为暗色矿物，或称铁镁矿物。由硅铝矿物组成的硅铝质岩石，如花岗岩、流纹岩，多呈浅色，有白色、浅灰色、粉红色等。由铁镁矿物组成的铁镁岩石则几乎都是深色的，如深灰、深绿以至黑色。铁镁质岩石较硅铝质岩石的密度要大。大陆上多有硅铝质岩壳层，而大洋下则只有玄武岩和超镁铁质岩壳层。

研究火成岩对于认识地球深部的结构非常重要。大家知道，地球内部具有圈层和不均匀的特点，岩浆可从地球内部把各圈层的物质"捕虏"过来，带到地面上来，从而为研究地球内部物质提供了方便。经研究，人们认为玄武岩中的尖晶石二辉橄榄岩捕虏体是来自50～100千米处的上地幔物质；金伯利岩中含金刚石榴辉岩捕虏体，是来自150千米的上地幔物质。另外，研究火成岩也为了寻找岩石中的矿产，如铬、镍、钴、铂来自超基性岩和基性岩中；钨、锡、钼则与花岗岩有关；斑岩铜矿与安山岩有关等。

 **知识点**

盾形火山

盾形火山是底部宽、坡度小、表面平坦、外形似盾牌的火山。它们主要为易流动的玄武岩浆迅速聚集所产生的火山。盾形火山是具有缓坡的宽广隆起，主要由叠置的熔岩流和次要的火山碎屑岩组成。大多数盾形火山由玄武岩质熔岩流组成，但是有些盾形火山由安山岩质岩流组成，还可能有极少量的其他类型熔岩。

从天而降的"石星"访客

晴朗的夜晚，月光皎洁，抬头仰望夜空，天幕上缀满了星星。在群星中间，有时候可以看到一颗明星，突然离开了天空，飞快地落下，这就是人们常常提起的流星。流星坠落到地球上，称为陨星或者陨石。

我国研究陨石的历史悠久。《春秋》一书中写道："僖公十六年……陨石

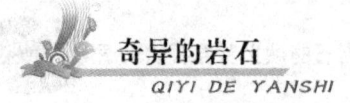

陨石

于宋五，陨星也。"就是说，公元前644年，在宋这个地方，天上掉下来五块石头，并肯定说这石头就是陨星，即"星坠至地，则石也"。

1884年，牛顿计算出在24小时内，整个地球上肉眼可以看得见的流星足足有2000万颗，每昼夜有3000~20000吨陨石落到地球上来。平常在开阔地方，一小时内光凭肉眼就可以看见4~6颗偶发的流星。但史学家们只记载一些有灾异的陨石。

古代，希腊人已经知道，流星并不真的是星星，因为不论有多少流星坠落下来，天上的星星数目都不见减少。天文学家告诉我们，流星是宇宙中的一粒尘埃，其形状各式各样，"带有芒角"者更是屡见不鲜。大多数流星当坠落到大气层时，与空气摩擦开始燃烧，于是放出带有红色的光亮来，炸裂时带有响声。体积小的流星被烧成灰烬，大体积的流星（5千克以上）燃烧后的残骸，落到地面上来就是陨石。

一般流星的坠落和自由落体情况相似，只不过在空气中受到氧化燃烧和气流的影响不同罢了。历史记载，流星坠落有几种情况：自上而下坠的，称作"流"；在短距离内因受气流的影响自下而上飞驰的，称作"飞"。史家们也常有飞星的记载。公元235年，红色带芒角的流星，三起三落地坠落，按陨石学的研究认为，这是受气流影响而产生的一种蛇行坠落现象。

到目前为止，在世界范围内收集到的陨石只有近2000块。其中超过一吨重的仅有30多块，最大的一颗重60吨，是1920年在西南非洲找到的，名叫"戈巴"，体积为3×3×1立方米，现在仍保留在发现的原地。第二重的一块为33.2吨，是1818年在格陵兰岛上发现的，现在陈列在纽约。第三重的一块是1898年在我国新疆准噶尔盆地东北部的青河县发现的，重30吨，取名"银骆驼"，现在乌鲁木齐博物馆陈列。

1976年3月8日，我国东北吉林省下了一场世界罕见的陨石雨，共收集到 200 多块陨石标本，重 2600 多千克。而 1800—1950 年的 160 年间，全球大陆上收集到的陨石标本仅有 670 多块。可见，收集一块陨石也是很不容易的事。

石陨石

天文学家和地质学家对陨石进行了长期地研究，测得它的密度为 3～8 克/立方厘米，比地球外壳的密度大。按成分，陨石可分为三类，即铁陨石、石陨石和石铁陨石。

第一类，石陨石。主要由硅酸盐物质组成，完全是普通石头的模样。密度 3～3.5 克/立方厘米。石陨石内部往往散布着许多球状颗粒，最大的球粒像豌豆一样大，小的有绿豆大，最小的有芝麻大小，这叫做球粒结构。据考古发现，欧洲旧石器时代的古罗马农民曾利用石陨石来做石器；菲律宾、马来亚新石器时代人，也曾用石陨石来制作石器。

第二类，铁陨石。这种陨石主要由金属铁和镍组成，含铁 90%、镍 8%，此外还有钴、铜、磷、硫等。外表很像铁块，密度 8～8.5 克/立方厘米。

铁陨石

人们从古埃及和美索不达米亚等地发掘出来的铁锤是铁镍合金，而且含有少量的钴。显然，它是用天然合金——陨铁制成的。有人曾在迦勒底地方发现了一把匕首，据考证，是公元前 3000 年的制成品。由化学分析得知，它是含镍 10% 的镍铁合金，显然，原料是陨石。考古学者认为：公元前几千年，人类在未经开发的地区，努力寻找陨

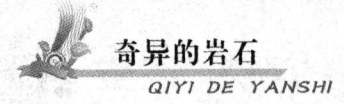

铁，因为他们很想得到纯的金属去制造锐利的武器。多少年来，人们认为陨铁具有特殊的质地，在阿拉伯、蒙古和格林兰等地，直到 19 世纪，还用陨铁来制造腰刀、匕首、箭头、斧子等武器。

第三类，石铁陨石。含有氧化铁和钠、钙、铝、铜等元素，其外表像石头和铁的混合体。在这类陨石中，硅酸盐物质和铁镍物质的含量差不多，密度 5.5～6 克/立方厘米，形态各异。其中，有一种"橄榄陨铁"，它像一块铁海绵，中间的空洞被圆形或多角形的玻璃状石质颗粒矿物所充填。另一种叫"中陨铁"，它的本身是石质硅酸盐物质，其间散布着许多铁镍颗粒。

坠落到地面上的三种陨石，以石陨石的数量最多，占93%；铁陨石比较少见，占5.5%；石铁陨石最少，占1.5%。但博物馆中所收藏的多半是铁陨石，因为铁陨石是金属块，容易被人们认识，而石陨石却经常被人错认为是普通石头，不予重视。

陨石以每秒十几千米的速度向地球飞来，在大气层中摩擦燃烧，表面熔化而形成蚌壳状的气印。熔壳内部，一般是灰色、黑色的石质和铁质组成的固体物质，由铁、镍、钴、镁、硅、氧、铬、锰、钛、锡、铝、钾、钠、钙、砷、磷、氮、硫、氯、碳、氢等元素组成。这些元素和地壳上常见的元素相同。

陨石中还含有生命物质。1969 年 9 月，在澳大利亚坠落的一块碳质球粒陨石。经分析，含有一定数量的碳和水，并含有 18 种氨基酸和其他有机物。1976 年 3 月 8 日，我国吉林省坠落的"吉林陨石雨"中也发现有 11 种氨基酸和叶啉、色素、异成二烯烃等多种有机化合物。这些有机物质，目前还处于初始状态，一旦条件适宜就能产生出生命来。

一般认为：陨石和行星都是太阳系的早期产物，它们很可能是在相当接近的时间里，相继从原始太阳星云中分离、凝聚而成。陨石的年龄同地球、月球等星体一样，已经46亿岁了。

陨石是我们可以拿到手的天体物质，是从天上"摘"下来的星星，也是送上门来的天然史料。因此，陨石是珍贵的宇宙来客。它不仅为人们带来许多宇宙的信息，并且为许多自然科学研究领域提供了不可多得的情报。因此，引起了天文学家、地质学家和冶金学家的兴趣，也引起了研究宇宙和太阳系起源问题的宇宙论学者的重视。

各类岩石的形成及呈现

GELEI YANSHI DE XINGCHENG JI CHENGXIAN

地球上的岩石可粗分为岩浆岩、沉积岩、变质岩三大类，这三大类下面又分有若干子类，不管是岩浆岩，还是沉积岩、变质岩，它们都是由矿物组成的，矿物是组成地球上所有岩石、矿石的基本物质。自然界中有各种各样、形态不同的矿物，各种各样形态不同的矿物又组成了各种各样、形形色色的岩石。由于地质作用和环境的差异，各类岩石呈现出的面貌千差万别，也可以说是千姿百态，这是大自然鬼斧神工的杰作。

形形色色的矿物

自然金

自然金是自然界密度较大的矿物之一，约是同样大的一块铁的重量的2.4倍，比常见的石头重6倍多。外表黄灿灿、光闪闪的。一般以不规则的小颗粒出现。偶然也有较大的块体。它被称为"百金之王"、金属中的"贵族"，是国际通用的货币。用它做成的各种装饰品，价值同样十分昂贵。自然金可分为脉金和沙金两种，脉金多分布在地壳有断裂的地方。当这些地方的金属

自然金

矿石被风化破碎后，常与泥沙一道被流水冲到别处，在水流减慢或停止时沉积下来，就形成了沙金矿，所以自古就有沙里淘金一说。金在自然界很少，地壳中平均每吨岩石里仅含金 0.005 克！而分布倒是很广。因此，即使是金矿，矿石中的含金量仍然是很低的。如颗粒最细小的"粉金"，28000 多颗才重 1 克！然而，在有些得天独厚的地方，却会形成巨大的天然金块，俗称"狗头金"。目前，世界上发现狗头金最多的国家是澳大利亚。已知最大的狗头金重 285 千克，发现于美国加利福尼亚州。中国最近几年在黑龙江、湖南、山东、四川等省也不断发现狗头金。如四川省的昌台地区近年来采得大小狗头金数以千计，大于 500 克的就有 11 块。其中最大的两块分别为 4200 克和 4800.4 克。

科学家们发现海水和岩石一样含有黄金，虽然平均每吨海水含金只有 0.004 ~ 0.02 毫克，但是海洋很大，有人估计海水中所有的黄金加在一起至少有 1000 万吨，远远超过陆地的黄金总量。目前所知，加勒比海的海水中含金量最高，每吨海水含金高达 15 ~ 18 毫克，比一般海水含金量高出很多。取得海水很方便，所以有人尝试从海水中取金，美国有人对 15 吨海水进行加工，从中获得 0.09 毫克的金，虽然加工费用很高，但是却很令人鼓舞，将来只要找到一种廉价的加工方法，人类就可以从海水中大规模地提取黄金了。

水　银

水银学名叫做"汞"，是一种光泽强、很容易流动的银白色液态金属。在自然界中常以液态小球状分散在一些岩石中，所以又叫它"自然汞"。水银有不少有趣的性质：在 356.58℃ 时沸腾气化，不过其蒸汽有剧毒；在 –38.87℃ 时凝固成美丽的银蓝色固体；它的密度很大，能自行聚成滚来滚去的小球珠；

它有明显而又规则的膨胀性，利用这点，人们用它制作温度计；它还具有很强的溶解其他金属的本领，除了铁以外，几乎能与所有金属"友好相处"——形成汞合金。水银在工业、农业、美术、医学、现代国防和宇航科学方面的用途达1000多种。

常温下惟一的液态金属——汞

金刚石

金刚石是自然界最硬的矿物，也是一种极贵重的宝石。金刚石经得起强酸、强碱的腐蚀，甚至不怕700℃的高温。纯净的金刚石无色透明，但较多见的有黄、蓝、褐等颜色，都有很亮的光泽。金刚石的生成条件是高温高压，通常在火山口里面

天然金刚石

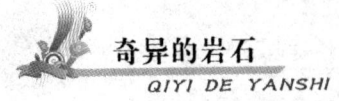

形成。有时，由于雨水和温度的变化等原因，使含有金刚石的岩石破碎，又被流水带往地势较低的地方，所以金刚石也可以在一些河流流域被发现。透明、色美的金刚石经琢磨后，叫做"钻石"。由于质地坚硬，它的表面一旦磨光，就再也不会产生"伤痕"，灿烂的光辉永远不会消失，所以是昂贵的装饰品，享有"宝石之王"的美誉。金刚石还能划玻璃，做唱机的针尖、牙科手术用的钻头和矿山钻探机的钻头等。

世界上最大的一颗金刚石是 1905 年在南非的一个金刚石矿中发现的，以矿主的名字命名为"库利南"。它纯净，浅蓝色，重 3106 克拉（计量宝石的重量单位，1 克拉 =0.2 克），差不多有一个男子的拳头那么大。后来被加工成 9 颗大钻和 96 颗小钻，全为英国皇室所占有。中国最大的宝石级天然金刚石叫"常林钻石"，是 1977 年在山东临沭县常林发现的。为浅黄色的透明体，重 158.786 克拉。

王冠上的库利南 1 号

石 墨

石墨是一种铁黑色的非金属矿，质软，在纸上划过能留下黑色痕迹，用手摸它还会污手。有滑腻感。通常由煤或含碳的岩石"变质"而成。石墨最平常的用途是与黏土按一定的比例制成铅笔芯，供人们写字用。此外，它不怕高温，也不怕酸碱腐蚀，能导电，还具有润滑作用。人们用它制作化学上用于加热的高温坩埚；在熔融的

石 墨

炼钢炉上别的金属会被氧化或熔化，它却不会，炼钢炉上的电极非它不可；机器长久运转需要润滑油，可是在高温条件下，其他一切润滑油都无济于事，只有它，正好能施展高级润滑剂的本领；非常纯的石墨，还能在原子反应堆中作减速剂。

辰 砂

辰砂俗称"朱砂"，是一种朱红色的矿物。因为中国古代的辰州（今湖南沅陵）所产最佳，从而得名。常由地壳中的水所带的汞物质与硫结合而成。辰砂是炼汞的最主要原料。中国古代很早就把它作为中药和颜料。作为中药，可治癫狂、惊悸和失眠等病。作为颜料，有色泽鲜红明丽、经历很长时间也不褪色的优点。如长沙马王堆一号汉墓里出土的朱红菱纹罗锦袍上的朱红色，就是辰砂所染，经过 2000 多年，还

辰 砂

十分鲜艳。现代的高级绘画颜料银珠，也是由辰砂研细而成的粉末，用以绘画，永不褪色。

1980 年，在贵州高原上的万山汞矿区，发现了一块长 65.4 毫米、宽 35 毫米、高 37 毫米、净重 237 克的辰砂晶体，为世界之最，故名"辰砂王"，现藏北京地质博物馆。

黄铁矿

黄铁矿是一种浅黄色的矿物。结晶体常为立方形，表面有条纹。由于它含有的硫比铁还多，所以又叫"硫铁矿"。主要用于提取硫黄，制造硫酸。黄铁矿经过长期的日晒雨淋，里面的硫会被流水溶解带走，而变成炼铁的矿物——褐铁矿。黄铁矿在地壳中分布很广。它有很强的金属光泽，由于颜色、

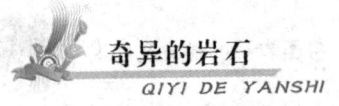

光泽和自然金相似，常被误认为是黄金，所以有人也叫它"愚人金"。不过要区别它们很容易，俗话说，真金不怕火，用火一烧黄铁矿就会冒烟，并且发出很难闻的臭味，假黄金的狐狸尾巴就露出来了。

锰结核

锰结核是在大洋底部的一种有生物骨骼或岩石碎片内核的矿石团块。小的直径不到 1 厘米，大的有 1 吨多重。它除了主要含有锰和铁元素之外，还有铜、锌、铅、钼、金、银、镍、钴等38 种金属元素。它能够吸收海底的元素，由小变大地自我生长，所以

黄铁矿

有活矿石之称。据估计，全世界大洋底部有 3 万亿吨的锰结核。其中太平洋可达 1.7 万亿吨，里面大约含锰 4000 亿吨、铁 2320 亿吨、钴 58 亿吨、

锰结核

镍64亿吨、铜55亿吨、锌7.8亿吨……这些都是工业生产中十分需要的金属矿产，它们的数量又大大超过陆地上同样矿产的储量，所以人们一直在研究怎样既经济又有效地把它们从海底捞上来。美国有人从900米深的地方每天采到1600吨锰结核。科学家们曾经预言：21世纪主要开采的矿产就是锰结核。

刚 玉

刚玉是一种硬度仅次于金刚石，也可以作宝石的矿物。与金刚石是一对"姐妹宝石"。有很亮的玻璃光泽。五颜六色的都有，其中红、蓝、白、金、黑五种颜色的透明体是刚玉类宝石中的五大珍品。分别叫做"红宝石"、"蓝宝石"、"白宝石"、"金宝石"和"黑宝石"。最著名的是红宝石和蓝宝石。那些像星星一样闪光的刚玉，叫做"星彩刚玉"，较为名贵。除了做宝石，刚玉还被用作耐火材料、精密仪器的轴承和用来磨制精度和表面光洁度要求很高的产品。

刚 玉

世界上历史悠久和最出名的宝石级刚玉产地在缅甸，那里曾产出许多著名的刚玉宝石。如藏于不列颠博物馆的690克拉红宝石晶体和"伊朗皇冠"上84颗11克拉的红宝石扣子，都是缅甸的名产。

萤 石

萤石是一种在紫外线照射下或加热后能发出荧光的矿物。因含氟的成分最多，又名"氟石"。常见的有绿、白、黄、蓝、紫等色，纯净的萤石无色，但很少见。萤石是火山喷出的含氟物质富集、冷却而形成的，它常在岩石空

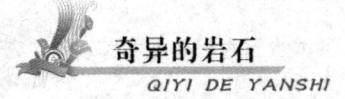

萤 石

隙的内壁上结晶，甚至成群地聚集在较大的岩石空洞里，形成美丽的晶洞。中国是出产萤石最多的国家之一，分布也很广。萤石是冶铁的熔剂，可用以提高铁矿石的易熔性和炉渣的流动性，还有利于去除铁矿石中的有害杂质。无色透明的萤石是优质光学仪器的透镜原料。色彩艳丽的大块萤石被称为"软水晶"，可以琢磨成欣赏石。

红宝石

红宝石是红色透明的刚玉。因产量远比蓝宝石稀少，并且颗粒大的很少见，所以比蓝宝石更为珍贵。常见的有粉红、玫瑰红、紫红、血红等各种颜色。以血红者为最佳，俗称"鸽血红"。纯正的"鸽血红"在白炽光的辉映下，色彩艳丽动人，好像早晨刚刚升起的旭日，又如傍晚天边的彩霞。一颗"鸽血红"要比同样重的钻石还贵重。在中国故宫博物院的珍宝室里，陈列有好几颗红宝石，都属稀世珍宝。红宝石除作装饰品外，还被用作钟表和精密仪器的轴承。手表中的红宝石被习惯地称为"钻"，如17钻，即用17颗红宝石作轴承。当然，由于手表业需用的红宝石数量极多，人

红宝石

们早已改用人造红宝石了。20 世纪 60 年代初，科学家利用红宝石晶体制成激光仪，用它来测量月地距离（384400 千米），误差只有几厘米。红宝石为人类登月的成功立下了汗马功劳。

石 英

石英是一种质地坚硬、有玻璃光泽的矿物。在地球上到处可见。粒状的石英是花岗岩、砂岩等各种岩石的重要组成部分。发育完善的石英晶体为六棱柱状，顶上有一个尖尖的小锥体，常常分布在岩石的裂隙和孔洞里。有时还能"集合"成美丽的晶体群——晶簇，如同盛开的花朵一般，十分好看。石英一般为乳白色，因含不同的杂质，也常见红、紫、黑褐等颜色。一般的石英可用来制造玻璃。无色透明的石英晶体叫做"水晶"。水晶的用途很大，可作工艺品、光学仪器的

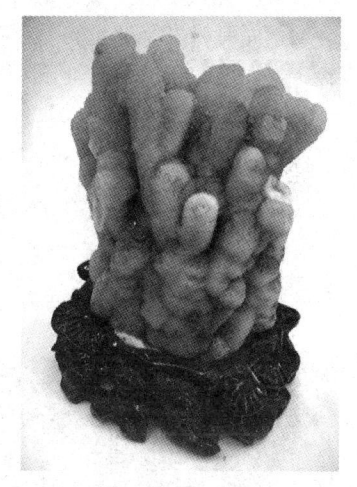

石 英

水 晶

材料和石英钟表的元件。近年来，还被广泛地应用于自动武器、超音速飞机、人造卫星及放大几十万倍的电子显微镜等设备上，是现代国防、电子工业不可缺少的矿物材料。

自然界里大的水晶不多。中国有块"水晶王"，是 1958 年在江苏东海县房山镇库北村发现的。它高 1.7 米、重 3500 千克，现陈列在北京中国地质博物馆里。

磁铁矿

磁铁矿是含铁量最高的一种铁黑色矿物，炼铁的重要矿物原料。有暗淡的金属光泽。常见的为粒状或块状，也有瘤状的。磁铁矿分布很广，大部分岩浆岩里都可发现，但是含量不高。只有含量高，而且储藏量大的，才有开采价值。磁铁矿有磁性，磁铁可吸住它，它也可以吸起较轻的铁制物品。在埋藏大量磁铁矿的地方，好像一块巨大的磁铁，会使指南针指错方向。在乌克兰的库尔斯克，地下的磁铁矿竟使指南针的南北方向完全反过来了。人们根据这种性质来找矿，而且发明了非常灵敏的航空测磁仪来代替指南针。在仪器的帮助下，人们在飞机上也可以探查出磁铁矿埋藏的地点，把它们一个一个找出来。

磁铁矿

玛 瑙

玛瑙是一种色彩丰富、美丽多姿的玉石矿物。因其花纹很像马脑而得名。主要产于玄武岩等火山岩的气孔中，常常由非常细小的石英聚集而成。把玛瑙切开，可以在断面上看到不同颜色的条带和花纹，而且往往有像树木年轮一样的同心环。中国古代有人说"千种玛瑙万种玉"，就是讲玛瑙形状不一，大小各异，五光十色，纹理万变。实际上玛瑙的品种也确实繁多。如纹带细如蚕丝、紧密缠绕的叫缠丝玛瑙；"正视莹白，侧视若凝血"的叫夹胎玛瑙；花纹如苔藓或柏枝的是苔藓玛瑙和柏枝玛瑙；漆黑而带有一丝白的叫合子玛瑙；还有其中包着一腔自然水的水胆玛瑙等。都是一些天生丽质、价值很高的品种。玛瑙坚硬而不脆，一般可制成玛瑙轴承和耐

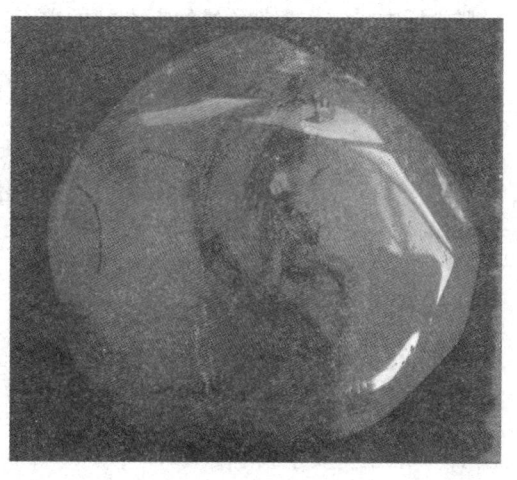

天然水草玛瑙

磨器皿，更多的则用来镶嵌在戒指上，或做项链珠子。巧妙地利用它的花纹和色彩，还可以把玛瑙雕制成各种工艺品。如北京玉石厂曾将一些合子玛瑙雕成一群黑山羊，每只羊的腰部都绕一白圈，非常别致而富有情趣。

绿柱石

绿柱石

绿柱石又叫"绿宝石"，是一种以淡绿颜色为主的六方柱形的矿物。硬度较大，具有玻璃光泽。是岩浆在地下缓慢冷却的过程中，有关物质成分相对聚集、结晶而形成的。因含杂质，也有其他颜色。美丽晶莹的绿柱石可作镶嵌在戒指上的宝石和其他装饰品。有一种碧绿苍翠的纯绿宝石叫"祖母绿"，由于它的色彩动人而又少见，被视为宝石珍品，

希腊神话中将它作为献给维纳斯女神的宝石。此外，还有呈透明蔚蓝色的海蓝宝石、橘黄的金色绿宝石和红色的玫瑰绿宝石等。一般的绿柱石是提炼国防工业急需的稀有金属铍的主要矿物原料。

非洲马达加斯加曾经发现一个特大的绿柱石晶体，长 18 米、直径 3.5 米、体积 143 立方米，重约 380 吨。这也是迄今为止人们所知道的所有矿物晶体中最大的一个。

软　玉

软玉是一类质地细腻坚韧、色泽柔润晶莹的玉石的总称。因硬度略小于硬玉而得名。中国是世界上产软玉最著名的国家，所以国外常称软玉为"中国玉"。软玉主要生成于变质岩中，是岩石中的有用矿物成分在高温高压下重新结晶的产物。优良品种有新疆的和田玉、四川的龙溪玉和台湾玉等，最著名的是和田。今存世上的古代精美玉器，大多是和田玉所作。和田玉中有一种纯洁无瑕、凝脂状的白玉，叫做羊脂玉，是玉中珍品。此外，还有纯黑的墨玉和浓青绿色的青玉，都属高档玉料。

软　玉

在北京故宫博物院中，陈列着一座5吨多重的大型浮雕——夏禹治水。它是由清乾隆时从新疆采来的一块和田青玉雕琢而成的。当时，用几百匹马和上千人拉了3年，才运到北京，后又转运扬州，由数百位著名工匠用了6年多的时间才雕琢完成。浮雕上治水人物的劳动情景和山水树木都表现得栩栩如生，体现了中国劳动人民无限的创造力和精湛的技艺。

翡翠

翡翠又叫做"硬玉"，是一种最贵重的玉。有白色和深浅不同的绿、黄、红等色。其实，"红者为翡，绿者为翠"，其他颜色的都是杂色硬玉。由于翡玉很少，且远不如翠玉那么惹人喜爱，所以习惯上翡翠专指翠绿色硬玉。优质的翡翠凝翠欲滴，鲜亮晶莹，硬而不脆，十分耐压耐磨，为玉中精英，极其昂贵。自然界的硬玉比软玉稀少得多，翡翠则更少。缅甸是世界上出产优质翡翠的国家，1978年曾发现一块重30吨的硬玉。虽然翠者只有一部分，大部分是杂色硬玉，但仍是世界出名的大块硬玉。中国有一名叫"卅二万种"的土豆状翡翠，

翡翠

分成五块后，最大的一块还有363.8千克呢！它被艺术家雕成泰山，取名《岱岳奇观》，成为无价国宝。

云 母

云母俗名"千层纸"，是一种由许多极薄的、富有弹性的薄片组成的矿物。具有珍珠光泽。片与片结合得不很牢，能像揭书页那样一片片地揭下来。有白云母、金云母、黑云母、锂云母和水云母等好多种类。颜色和外貌因成分不完全一样而有不同，有的像金黄色的鱼鳞，有的像无色的玻璃，也有的

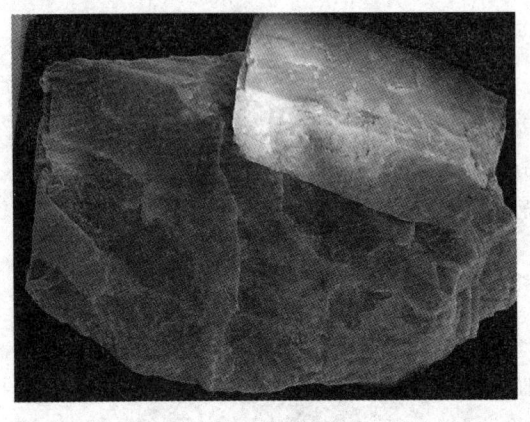

云 母

像黑色、绿色的石头等。云母是自然界里造就岩石的主要矿物之一，常可在岩浆岩、沉积岩和变质岩中看到它的小颗粒以至晶体。白云母和金云母不导电，而且耐高温、高压和酸碱腐蚀，是电气工业的重要材料。锂云母是提取锂盐的主要原料之一。水云母受热后会大大"发胖"——体积可膨胀 14～18 倍，且闪烁着漂亮的金色与银白色的光辉，建筑行业用它来做隔音材料和金色装饰品。

长 石

长石是构成地壳的最主要的矿物。几乎所有的岩石中都可以见到它。颜色大多为白色、肉红色或灰色，也有色彩非常漂亮的。长石有十多种类型，主要可分为正长石和斜长石两大类。风化后变成高岭石等黏土矿物，是制造玻璃和陶瓷的主要原料。由于含有钾、钠、钙等

长 石

成分，风化成土壤后是植物必需的养分。透明漂亮的长石常用来做工艺装饰品。如具有碧蓝和蓝白变色的一种长石，叫做"月光石"，从不同角度看它，能显出不同的光彩，十分引人注目，可以做成项链珠等装饰品。中国历史上著名的"和氏璧"，据史书对它的描述判断，可能就是一块月光石。

黄 玉

黄玉是一种很像水晶，但比水晶还要坚硬的晶体形矿物。无色或有浅黄、酒黄等色。常有大晶体，出现在一些具有很大颗粒的岩石中。透明晶亮、色泽艳丽的黄玉，又叫"黄晶"，可作宝石。但是它经不起日晒和受热，日久会变颜色，所以只属于中级宝石。黄玉还可用来磨制精度和表面光洁度都很高的产品。

黄玉分布很广，产量也大。中国新疆已发现有质量较好的黄玉，其中最大的宝石级晶体超过6000克。巴西是世界上主要的黄玉产地之一，还盛产一种价值较高的"酒黄宝石"，晶体也都很大，其中一颗重达45.4千克，成为世界黄晶宝库中的珍品。

黄 玉

沸 石

沸 石

沸石是一些火烧后会出现起泡（沸腾）现象的矿物的总称。无色、白色或呈很浅的灰、黄等色。目前，世界上发现的沸石有30多种，它们都是含不同成分的火山喷出物形成的，所以常见于喷出岩，特别是玄武岩的气孔中。由于各种不同的沸石内部都有大小不同的空腔，能像筛子一样过滤其他物质的分子，因而人

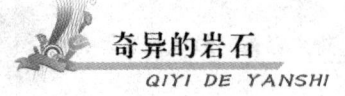

们又叫它"分子筛"。工业上常用它净化或分离混合成分的物质，如分离气体、净化石油及处理废水、废气和废渣。沸石还有"农业维生素"的美称，可用来改良土壤、用作饲料、增加作物中维生素 C 的含量。除此之外，沸石还能用来制作水泥、高强度的轻质砖及远红外线烘干元件等。近年来，世界各国都在积极开发沸石矿藏，沸石已成为工农业生产的热门货。

海泡石

海泡石是一种质地光滑细腻，呈土状块体的灰色矿物。曾被一位德国学者称为"海的泡沫"，所以得名。它生成在海洋里。重量很轻，不怕热，加水后能随意塑造成各种形状而不破碎。可以作为地质、石油钻井的优质泥浆原

海泡石

料，在石油和油脂工业中用作脱色剂、净化剂和吸附剂，可以去除矿物油、植物油和动物油中的有色、有毒成分及臭味。在医药工业中，可作葡萄糖的发酵剂和净化剂。它还是制造玻璃、珐琅的最佳原料，并在国防工业和空间科学等方面有广泛的用途，怪不得人们称赞它是"大海留下的明珠"！

滑 石

滑石是一种手摸上去非常光滑的矿物。一般为白色或淡绿色，硬度很小，能用指甲刮下细腻而滑溜溜的白色粉末。中国的滑石矿产资源丰富，著名的辽宁海城滑石矿所产的滑石，质地优良，驰名中外。滑石的用途极为普遍，把它掺在纸浆和陶瓷原料中，可提高纸和陶瓷制品的光泽和透明度，增强对颜料的吸附；油漆中含有滑石，能使油漆表面减少磨损和漆皮掉落现象；用滑石作辅助材料的橡胶显得非常柔软而滑润。滑石还是许多日用品和化妆品中不可缺少的成分，如香

皂、牙膏、珍珠霜及粉类化妆品中都有滑石粉。滑石对人类生产和生活的贡献真大啊!

滑　石

叶蜡石

　　叶蜡石是一种色泽丰富、美丽如玉的石质矿物。硬度较小，很容易加工。叶蜡石琢磨后具有很强的蜡状光泽，是一种理想的工艺石料。主要由火山岩在高温作用下变质而形成。因产地不同，石质、颜色及纹理也有差别。中国比较著名的有寿山石、昌化石和青田石，都是制印章的上品和珍贵的工艺美术

叶蜡石

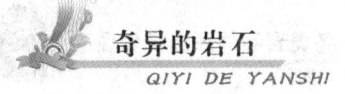

品原料。寿山石产于福建省的寿山，质地细腻、透明如冻，尤其是产于水田中的田黄石，素有"易金三倍"的价值。昌化石产于浙江省昌化县的康山，质略透明，其中有一种因含有辰砂而呈血红色或有鲜红斑迹的，看起来就像鸡血凝结或溅洒一样，被人们形象地叫做"鸡血石"。用斑斓艳丽的鸡血石雕成的工艺品，在国内外声誉极佳。青田石产于浙江省青田县的方山，有红色、白色、灰色、黄色、苹果绿等颜色，还有变幻无穷的纹理。有的晶莹似冻，有的如同灿烂的灯辉，利用它的天然色彩，可以巧妙地雕刻出各种栩栩如生的工艺美术品。

石　膏

石膏是一种硬度很小的白色矿物，常结晶成厚板状或柱状。主要因古代盐湖或潟湖中的水被蒸发浓缩后，由其中的化学物质沉积而成。有时，在沉积石膏层形成之后，地壳的运动可以使它成为地下孔洞。洞壁上的石膏质点或小晶体，会慢慢增大，并逐步形成簇聚着无数石膏晶体的晶洞。石膏的用途很多，中国古代早就发明了用石膏使豆浆凝成豆腐，农业上用石膏来改良土壤。此外，建筑、模型、造纸、油漆、医药和文教等行业也都离不开它。

石　膏

在湖南省地质博物馆里，有一个在湖南被发掘出来并复原的大型石膏晶洞，长4米、宽1.5米、高1.6米，洞内聚集了上千个石膏晶体，总重量在3吨以上。洞中有长度才1厘米的小晶体，也有超过1.5米的大晶体，大小晶体交错镶嵌，竞相伸长，一个个透明似水，洁白如玉，就像仙宫一样。

方解石

方解石是一种晶体为菱方形的矿物。其化学成分是碳酸钙，所以遇盐酸

会剧烈起泡。通常为无色或白色，含杂质者也有其他颜色。最大的特点是晶体形状很规则，无论将它敲击成多么小的块块，都呈表面很光滑的菱方形。方解石在自然界分布很广。一般作制造水泥、电石等的原料。无色透明、没有裂隙和瑕疵的方解石，叫做冰洲石。色泽美丽的方解石，能磨制成很好看的欣赏石。如加拿大的白色石、美国加利福尼亚的金黄色石和墨西哥的大红色石等，都是收藏家所珍爱的品种。

方解石

孔雀石

孔雀石是一种呈美丽的翠绿颜色的含铜矿物。因它的翠绿色与孔雀羽毛的颜色相像而得名。硬度较小，用小刀可划出痕迹。遇盐酸会起泡，并发出"咝咝"声。形态多样，常见的有葡萄状、钟乳状等集合体。孔雀石是含铜矿物与空气长期接触、氧化而成的，因此，常与铜矿相伴而生，并且多出露在地表面。由于它那引人注目的色彩，在野外很容易辨认，可作为寻找铜矿的标志。孔雀石是炼铜的矿物原料之一。块大色美者，也是工艺雕刻品的材料，可用于琢磨各种饰物。它的粉末还能制作绘画用的高级颜料呢！

孔雀石

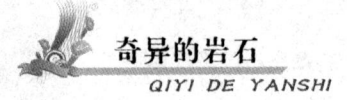
琥 珀

琥珀又叫"遗玉"，是一种形成于煤层里，具有树脂光泽的有机矿物。质量很轻，一般呈蜡黄及黄褐色，形状各色各样，多为透明体。有的里面还包裹着栩栩如生的小昆虫，看起来好像一触就会动、碰一下就要飞一样，十分

琥 珀

有趣。在远古的地球成煤时期，森林中常有一些大树被日晒风吹、雷劈火烧而致伤，便会有树脂从"伤口"里渗流出来。一点一滴，日积月累，就堆积、凝结成了形状各异的树脂团。有时，活跃于林间的某些小昆虫不小心刚巧被粘住，并且被后来分泌出来的树脂包住。凭着树脂的保护，隔绝了空气，小昆虫不仅没有腐烂，而且"蒙难"时一刹那的神态也被保留了下来。这些树脂团后来又与森林一起被地壳运动深埋于地下，经过漫长的地质岁月，就形成了煤层中的树脂化石——琥珀。在中国的抚顺煤田中，

就有大量的琥珀。琥珀能作绝缘材料、化工原料、药材。用色美无瑕、剔透明亮的琥珀制作的装饰品和工艺品，被人们视为高档珍品。内有完整的昆虫遗体的琥珀，就是不加琢磨，也是很别致的摆设品。由于琥珀提供了最直观、最生动的古代生物标本，在古生物研究中，具有很大意义。

知识点

水 晶

水晶是一种无色透明的大型石英结晶体矿物，主要化学成分是二氧化硅。水晶呈无色、紫色、黄色、绿色及烟色等。有玻璃光泽，透明至半透明。较硬、较脆。纯净水晶是无色透明的。含有不同的混入物可呈现多种颜色，也

有其名。含锰和铁者称紫水晶；含铁者（呈金黄色或柠檬色）称黄水晶；含锰和钛呈玫瑰色者称蔷薇石英，即粉水晶；烟色者称烟水晶；褐色者称茶晶；黑色透明者称为墨晶。

岩浆岩的类别与形成

岩浆岩又叫"火成岩"，是由地球内滚烫的岩浆冷凝而成的一类岩石。岩浆来自地幔或地壳深处，温度相当高，受到的压力也很大，所以活动能力很强。当地壳的某些地方产生裂缝时，它就会拼命地挤向地表。有的在地壳中停下来，在其他岩石中慢慢地冷凝，这样形成的岩浆岩叫做"侵入岩"。根据形成的部位的深浅，又可分为"深成岩"和"浅成岩"。有时岩浆上涌的力量大到可喷出地面，形成火山爆发。喷出来的熔融岩浆及碎屑物质等堆积冷凝后

岩浆岩

形成的岩浆岩叫做"火山岩"，又叫"喷出岩"。岩浆岩是组成地壳的主要岩石，从地面到地下 16000 米的地方，岩浆岩的体积几乎占到 95%。在岩浆岩的形成过程中，随着岩浆的上升，温度逐渐下降，它就不断地结晶出各种各样的矿物，当某些有用矿物聚集到一定数量，就成为矿产资源。所以，岩浆岩中孕育着许多宝藏。

花岗岩

花岗岩也叫"花岗石"，是一种坚固美观的侵入岩。由地球内部滚热的岩浆在地壳内慢慢冷却而形成。它含有许多颗粒大而颜色不同的矿物，主要是石英和长石，所以颜色一般较浅，大多为灰白色和肉红色，其中的花点，则

人民英雄纪念碑

是黑云母等矿物。花岗岩分布非常广，常形成巨大的岩体。中国著名的黄山、华山、八达岭等都是由花岗岩构成的。花岗岩可以磨光，雕刻图案或文字，又不容易磨损，许多大型、纪念性的建筑物都用它作石料。如人民英雄纪念碑的数十米高的碑身用石，就是产于山东青岛的青岛花岗岩。

在江苏苏州城外，有一座金山，所产的花岗岩质量居全国之首。人们又称它为"金山石"。它比较经得住酸碱的腐蚀，而且还经得起重压，一块30厘米见方的金山花岗岩能承受82吨的重压。加上它石质纯净细密，外观洁白晶莹，成为深受欢迎的优质建筑石料和石雕材料。如北京军事博物馆、毛主席纪念堂、南京长江大桥、雨花台烈士群雕等都用上了金山花岗岩。

南京雨花台烈士群雕像

流纹岩

流纹岩是一种浅灰色或灰红色的火山喷出岩，主要由浅色的石英、长石等矿物组成，是颜色较浅的火山喷出岩之一。构成流纹岩的岩浆粘稠性很大，当它喷出地表，还在缓慢流动时，就被冷凝了。所以，流纹岩中不同颜色的物质都呈平直或弯曲的流动状排列，如同流水的波纹，给人以动感。如果岩石中有一块较大的矿物晶体，其流纹会像水流绕过石头一样绕道而流。在自然界，流纹岩常形成奇特的岩钟、岩塔等。被誉为"天下奇观"的雁荡山，就是主要由流纹岩构成的。流纹岩坚硬致密，可做建筑材料。

流纹石

河北省兴隆县有一种流纹岩，石面上的流纹竟是鲜花般的花纹。将石面磨光后，花纹更加清晰，一朵朵宛如深秋盛开的菊花，人们叫它"菊花状流纹岩"。形成这种流纹岩的岩浆黏度很大，还含有较多的深色矿物，当它突然喷出地表，一下子冷却时，深色矿物来不及结晶而成为一些极细小的"雏晶"，这些"雏晶"矿物在岩浆冷凝收缩力的作用下，就形成了放射状的"菊花"。

玄武岩

玄武岩是一种灰黑色、多气孔的火山喷出岩，主要由颗粒细小的深色矿物组成。当来自地壳深处的岩浆喷出地面冷凝时，其中所含的气体物质会很快挥发逸出，从而在形成的岩石中留下一些圆形或椭圆形的气孔。有时在这些气孔中又充填了方解石等浅色矿物，人们就形象地叫它"杏仁构造"。因为岩浆冷却凝固时会收缩，所以常使冷却后的玄武岩体产生许多纵向的裂隙，成为一个个长而规则的直立柱状体，犹如无数把巨大的筷子，排列整齐，被

玄武岩

紧紧地捆在一起，插在地上。有的柱体高达数十米，远远望去，气势十分雄伟。玄武岩是分布最广的一种火山岩。中国的峨眉山、五大连池及印度德干高原、英国北爱尔兰巨人台阶等都是由玄武岩组成的。在占地球表面积 70% 的海洋中，其洋底几乎全由玄武岩构成。利用玄武岩的柱状裂隙，开采方便，所以它常被用来作桥基、房基等建筑材料和良好的水泥原材料。20 世纪 80 年代初，诞生了用玄武岩制造的纸，它的厚度约为普通纸的 1/5，不怕水、不怕火、不发霉，又十分耐磨，被称为当今"最佳纸张"。

珍珠岩

珍珠岩是一种具有珍珠光泽和珍珠状球形裂纹的火山喷出岩。主要成分是含有少量水的二氧化硅。

当岩浆喷出地表时，由于温度剧降，岩浆急速冷却凝固，其中的水分来不及挥发，就被包含其中。岩石上珍珠状的球形裂纹也是因快速冷凝产生的收缩作用而造成的。珍珠岩经过燃烧热处理后，可成为膨胀的珍珠岩，体积可膨胀 8～15 倍，内部因失去水分而呈蜂窝状。具有质轻、防潮、隔音、抗冻及耐

珍珠岩颗粒

高温等性能，广泛用于工业部门，建筑业更是大量需要，尤其是现代高层和超高层建筑。用膨胀珍珠岩制成的抹墙灰砂浆，比一般灰砂浆轻60%，性能却大大优越。珍珠岩在农业上被用来改良土壤，美国有人用它来改良动物饲料，促进动物生长。匈牙利已制造出一种专吸油类的珍珠岩制品，可净化河流、湖泊中遭受油类污染的水。

浮 岩

浮岩又叫"浮石"。是一种能漂浮在水面上的浅灰色火山喷出岩。其组成物质与流纹岩差不多，不过形成它的岩浆含的挥发性气体特别多，这些气体在岩浆冷却过程中挥发逃逸了，所以气孔特别多，重量也非常轻。浮岩常常分布在火山口附近，与其他火山岩及火山灰共生。除了可做水泥材料外，还能加工成砌块和混凝土的材料，用于墙体、屋面等，既减轻了建筑物的自重，又具有保温、隔音等性能。化学工业中用浮岩作过滤器、干燥剂和催化剂。浮岩还经常出现在洗澡堂里，成为人们称心的搓脚石。被流水冲刷过的浮岩，犬牙交错，像锯齿，如山峰，也可作为制盆景的假山石材料。

在非洲马里的尼日尔河一带，渔民们利用当地的浮岩制成小渔船，省去了不少木料。据说这种石船的表面具有很强的耐磨蚀性能，经久耐用。

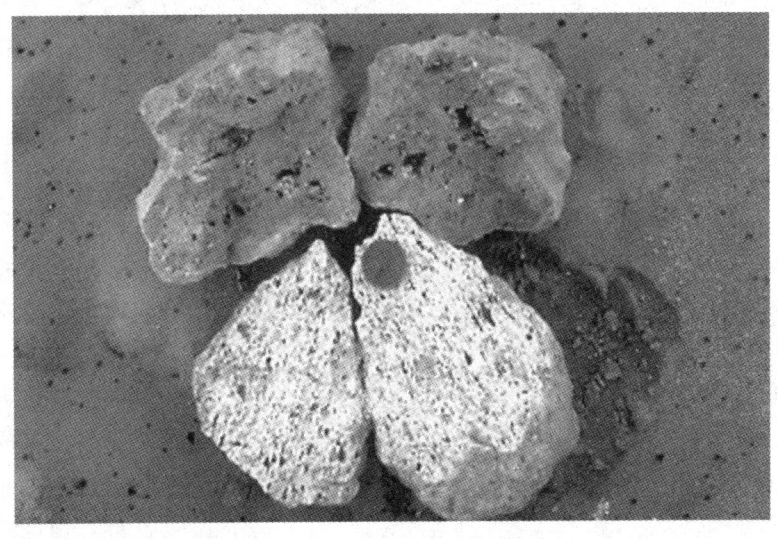

浮 岩

长　石

长石是一类含钙、钠和钾的铝硅酸盐类矿物，地壳中最常见的矿物，比例可达到60%，在火成岩、变质岩、沉积岩中都可出现。长石是几乎所有火成岩的主要矿物成分。长石有很多种：钠长石、钙长石、钡长石、钡冰长石、微斜长石、正长石、透长石等。它们都具有玻璃光泽，颜色多种多样，有无色、有白色、黄色、粉红色、绿色、灰色、黑色等。有些透明，有些半透明。

沉积岩的类别与形成

沉积岩又叫"水成岩"，是由松散沉积物质层层沉积并固结而成的岩石。暴露在地球表面的岩石，经过长期的风吹、雨淋、日晒、冰冻以及生物的破坏，逐渐变成了碎块或粉末，它们被流水或风等搬运到湖泊、海洋等低洼地区，随着水流或风力速度的减小，就停积下来。天长日久，搬运来的物质越积越厚，越压越结实，便成了坚硬的沉积岩。所以它的剖面上可以看到很明显的一层叠一层的层理，并且常能发现古生物的化石。沉积岩在地球表面的分布面积达75%，是构成地壳表层的主要岩石。沉积岩种类很多，常见的如烧石灰用的石灰岩、磨刀用的砂岩等。此外，还有颗粒很粗的砾岩和颗粒很细的黏土岩，以及可以一层层剥开的页岩等。

沉积岩

在山东省沂蒙山区，有一个叫做山旺的山岗，在那里随手捡一块石头，都是层层相叠的形状。若用刀片插入层间石缝，小心撬开，便可看到"岩页"上或烙有轮廓分明的树叶，或凸起扑翅欲飞的昆虫，或嵌着临死挣扎的游鱼等，简直是一部史前生物的"岩书"。据鉴定，这里的岩石至少有 1800 万年历史。1980 年，山旺已被中

山旺化石

国划作国家级古生物化石重点自然保护区，并在当地建立了古生物化石博物馆。

石灰岩

石灰岩是一种灰色或灰白色的石灰质沉积岩。主要由方解石微粒组成，常混入黏土等杂质。石灰岩分布的地区原先大多数是海洋，海水中含有的钙物质逐渐沉淀、固结，就变成了石灰岩。当海底上升为陆地时，石灰岩就暴露于地表了。石灰岩是烧制石灰的主要原料，在冶金、水泥、玻璃、化纤等工业部门也有广泛的用途。

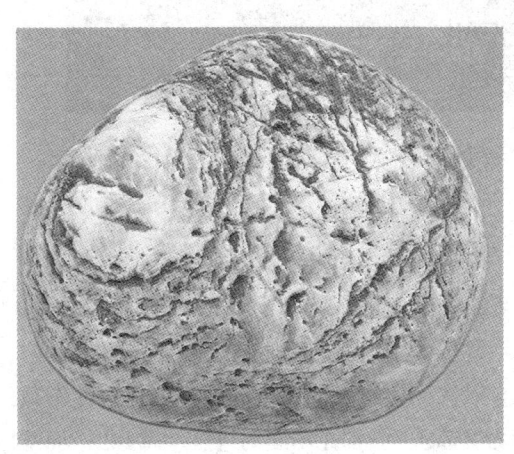

石灰岩

石灰岩硬度不大，很容易受破坏。在那些石灰岩分布广、厚度大、质地较纯的地区，常形成形态怪异的石林和华丽神奇的溶洞。因为石灰岩能被含有二氧化碳的水溶解，水又是无缝不钻的，所以石灰岩地区经过长期的雨水或流水的溶解，有的地区变成凹陷，并不断加深，而有的岩石却还巍然耸立

着，最终就在地面上留下了孤峰残柱般的怪石林。例如云南路南石林宛如一座宏伟的石雕博物馆，一石一姿，千奇百态，有沧海卫士、母子偕游、牧童放羊等。有一块石头，像亭亭玉立的少女，传说就是撒尼姑娘阿诗玛变成的。有些石灰岩中的裂隙还会曲曲折折地深入到地下，并在地下不断地被流水溶解扩大，形成了地下溶洞，比如浙江桐庐的"瑶琳仙境"。那些溶洞里有数不清的石笋、钟乳石和石柱，经彩灯一照，一个个如彩云、似莲花，或像各种各样的动物和传说中的人物。身临其境，你会为这大自然的神奇作用而惊叹不已！

浙江桐庐的"瑶琳仙境"

磨　石

磨石是一种能磨各种刀具的石头。主要由石英等矿物被铁和黏土物质胶结而成。多分布在早先地球上的一些低洼地区。当有些含有石英等成分的岩石被风化破碎后，流水往往就把它们搬到地势低的地方。随着流速的逐渐减慢，那些大大小小的碎屑物也就先后沉淀，分别在不同的地点"落户"，固结成岩石。其中岩石颗粒如黄沙般大小的，可用来磨斧头、铡刀等大刀具；稍细一点的，用来磨菜刀；那些颗粒极细的黏土质和泥质岩石如果受到地壳内高温和高压的影响，就会成为能磨剃刀、刨刀的细料磨石。那么为什么这些岩石都能把刀刃磨快呢？这得归功于其中既坚硬又呈微粒，而且分布十分均匀的石英，它使磨石变得柔中有刚，细中有利。

磨　石

此外，磨石中的黏土遇到水后体积膨胀，所以磨刀时磨石会出泥浆水。在北京石景山区的翠微山下，有一个名叫模式口的小村，它原来的名字是"磨石口"，就是因为盛产各种磨石而得名的。

黏　土

黏土是颗粒极细，与水拌和后具有粘性的土状沉积物。主要由长石等矿物长期风化而成。种类很多，最著名的是高岭石黏土，又叫高岭土，因首先发现于江西景德镇市郊的高岭村而得名。高岭石黏土化学性质稳定，绝缘性能良好，加水后粘结力很强，可捏成各种形状而不开裂，干燥后能保持原形；经焙烧还具有岩石般的坚硬性，是一种优良的瓷土。景德镇附近蕴藏着丰富的高岭土矿，用它制成的瓷器以"白如玉、薄如纸、明如镜、声如磬"的特色而享誉国内外。除此之外，黏土也常被用作塑料制品、

高岭石

造纸、橡胶等工业的主要辅助材料和耐火材料。

海滩岩

海滩岩是一种由沙子、砂砾、贝壳和珊瑚等各种海滩碎屑物所组成的岩石。常沿着海岸线断断续续地分布在海滩上有潮水涨落的地带。在一些气候炎热、蒸发很强的海区，当出现风暴和海水高潮时，激浪会把各种碎屑物推上海滩，沿海岸线堆积起来。潮退后，堆积物中的海水很快蒸发，并遇到方解石等能与它发生胶结的物质，使原先较松散的岩屑胶结成了海滩岩。由于海平面是有升有降的，因此现在发现的海滩岩，有的却沉溺在海底下，犹如一道海底城墙。如在汕头海山岛黄隆圩，沿海岸分布着长 2000 多米、宽 40 ~ 50 米、高近 4 米的海滩岩，而在汕头的另外一些地方，海滩岩则出现在水深 40 米处的海底。海滩岩被胶结得十分坚固，特别是由贝壳组成的海滩岩，有时用锤子也难以敲开，在当地多被用作建筑材料。有的海滩岩贝壳可烧成贝壳灰，用作农用肥料。一个地方，不管它如今在陆上还是在水中，现在的气候怎样，如果有海滩岩分布，就能证明该地当时是较干燥炎热的海岸地带。所以，海滩岩对于古气候、古海岸和地壳运动等方面的研究也具有重要的意义。

海滩岩

砂岩

砂岩是沉积岩的一种，主要由砂粒胶结而成，其中砂里粒含量要大于50%，结构稳定，通常呈淡褐色或红色。砂岩按其沉积环境可划分为：石英砂岩、长石砂岩和岩屑砂岩三大类。砂层和砂岩构成石油、天然气和地下水的主要储集层。砂和砂岩可用做磨料、玻璃原料和建筑材料。一定产状的砂层和砂岩中富含砂金、锆石、金刚石、钛铁矿、金红石等砂矿。

变质岩的类别与形成

变质岩是由岩浆岩或沉积岩在地壳内物理化学条件变化的情况下，被"改造"而成。

木心钟乳石

木心钟乳石是一种罕见的特殊洞穴沉积物，发现于桂林漓江风景区冠岩的地下溶洞中。它是怎样形成的呢？在河流发生洪水时，水流会携带着一些树枝冲入较大的地下溶洞，水退后，树枝便留在了洞里。若这些洞顶有裂缝，上面的石灰岩被含有二氧化碳的水溶解后，就沿裂缝下渗，滴落到树枝上。由于洞内温度较高，下滴物质中的水分蒸发，二氧化碳也跑掉了，于是就在树枝上凝结成了方解石。这样日复一日，年复一年，方解石便一圈圈地包围了树枝，形成了木心钟乳石。若把它切断，能看到当中树枝的木质保存良好，年轮清晰可数，外面的方解石多数质地纯净，但如果在方解石的生长过程中，每隔一段时间有其他物质成分掺入，这样钟乳石也会显出"年轮"。

太湖石

太湖石又叫"假山石"，是一种多孔而玲珑剔透的青灰色石头。主要产于太湖地区。太湖地区原先是一片汪洋大海，海里繁育着大量珊瑚等生物。这些生物死后，石灰质的遗体骨骼不断沉积海底，久而久之，固结了石灰岩。

以后地壳发生剧烈变动，这里成为湖泊，湖底的石灰岩和湖中的石灰岩小岛又不断经受着波浪的冲击和溶蚀，被"雕琢"出许多"皱纹"、凹凸和孔洞，成了百孔千窍的太湖石。太湖石洞多质轻，形态变化多样，颜色深浅不一。人们常用皱、漏、透、瘦、秀五个字来形容它，是一种很有艺术趣味的欣赏石。可作盆景，砌筑假山，点缀亭榭，为中国园林建筑中不可缺少的石头，

太湖石

被誉为"东方橱窗中的珍品"。

上海豫园的"玉玲珑"

上海豫园内有一块叫"玉玲珑"的太湖石，它既像一座雄伟挺拔的山峰，又像亭亭玉立的少女。尤其布满全身的孔洞几乎都是相通的。据说点一炉香在石下，所有的孔中都会冒出烟来，像云雾缭绕着山峰；如果从顶上倒下一桶水，则洞洞都会有水流出，像飞瀑山泉一样。它和苏州的"瑞云峰"、杭州的"皱云峰"被誉为"江南三名石"。

球 石

球石是一种颜色多样，有些上面有斑斓花点或条纹的滚圆的石头。因为其滚圆程度远远超过雨花石，并且还闪烁着珍珠一样的光彩，犹如粒粒珠玑，所以自古就有"珠玑石"的美名。球石主要产在山东半岛北长山岛的半月湾。在那长1200多米的海滩上，遍地都是这种石头。球石的石质是石英岩。在这一带的大小岛屿上，石英岩分布很广，它们有的纯净洁白，有的因含云母、铁等矿物而呈多种颜色。它们质地非常坚硬，但身上都有许多纵横交错的裂缝，很容易破碎成大大小小的方石块。当无数方石块被带到地势较低、坡度不陡不缓而又开阔的海滩上时，就经常受到海浪的冲击，不断地在海滩上来

球石海滩

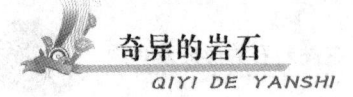
回翻滚，加上石块之间硬碰硬地相互撞击摩擦，先是磨去了棱角，继而越滚越圆。据说大约经历了 36 亿年的浪中磨砺，终于使这一带的多数岛屿上都布满了粒粒球石。由于半月湾的海浪比较大，所以球石的滚圆度最好，从而最为出名。球石是一种高档的装饰石材，远在北宋时期，人们就开始利用它了。山东蓬莱阁和庙岛群岛上的许多古建筑都用半月湾球石来装点路面，格外地显示出古朴、典雅的风格。

跌跤石

跌跤石是一种会使人跌跤的有趣石头。在太行山南端，有一个叫西安里的地方，那里的地面上常常可见一些滚圆的小石头，你一不小心踩上去，就会狠狠地跌一跤。跌跤石是怎么形成的呢？原来，这个地方的岩石主要是由一种叫葡萄石的矿物组成的。葡萄石常呈葡萄状集合体，硬度较大。含有葡萄石的岩石不断受到大自然里风吹、雨淋、日晒等影响，随着其他容易被分解、破碎的物质被带走，就"滚"出了较硬的葡萄石小球体——跌跤石。它主要有白、绿两种颜色。据宝石学家鉴

葡萄石

定，其中的绿色美丽者可能还是一种珍贵的宝石呢。

狗啃石

狗啃石是发现于广西上林县镇圩一带的一种外形奇特的石头。多分布在喀斯特地区地下干涸的古河道里，是古河流的冲积砾石。然而，它们都不是浑圆状的，而是这里缺了一块，那里又少了一条，有棱带角，石面上伤痕累累。过去，人们猜不透它们的成因，只好用"狗啃石"称它。后经中国科学院有关部门鉴定，才知道那些砾石上的伤痕确实是动物牙齿咬出来的！这是

在很久很久以前，这一带曾经是百兽称雄的地方，其中有些动物长着锋利的牙齿，而它们的牙齿又长得特别快，要经常咬硬东西，抑制它的生长才觉得舒服，因此，常常不管东西能吃与否，总要咬上几口。于是，便留下了这许多形态奇异的砾石。狗啃石虽然实际上并非狗啃而成，但毕竟是动物啃出来的，因而这半错半对的名字还是被叫开了。

艾尔斯巨石

艾尔斯巨石是世界上最大的整块巨石。它高达 348 米，周长近 9000 米。这块巨石屹立在澳大利亚中部维多利亚大沙漠中。虽然高似山峰，但因为它没有生根，所以不能称山，只能叫石。艾尔斯巨石不但因高大而著名，还以它的颜色能一日三变而出众。它在早晨日出后呈棕色，中午日正时为蓝色，傍晚日落中是红色，十分迷人好看，成为沙漠奇观之一。这块石头怎么会变色的呢？经地质学家考察，由于它长期独立在荒漠之中，四周无树遮盖，远处无山挡蔽，荒漠上的风携带着沙子不断地对它进行"打磨抛光"，使它的表面变得又光又滑。太阳光早中晚以不同的角度产生不同的光色照射到它，石面就像一面巨大的明镜一样，反映出色彩的变化。

艾尔斯巨石

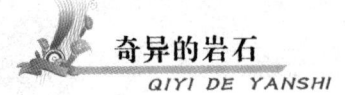

景纹石

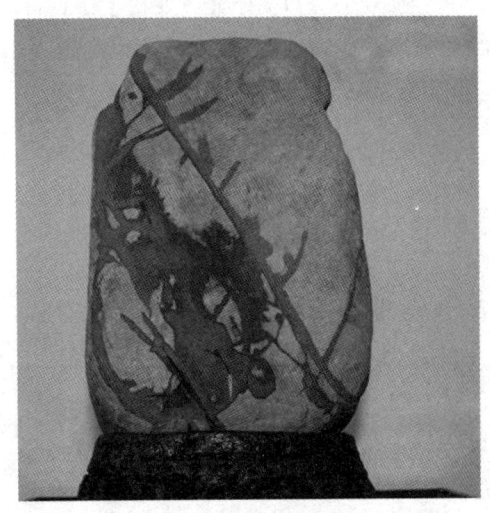

景纹石

景纹石是一种石面上有天然生成的风景图案的欣赏石。产于安徽省宣州市的华阳白云洞风景区。这种石头形状扁圆，很像鹅卵石，有大有小；颜色多为灰白色，石上的图案为红色、棕红色等。它的物质成分可能主要为石灰质岩石，由于所含的铁质有多有少，极不均匀，常使石面上呈现出奇妙的图案：或山或水，或人或兽，或山与水融为一体，或人与林构成一画，生动逼真，变幻无穷，如"河边一棵柳"、"双燕嬉戏"、"晚霞下的情侣"等。

1989 年，在首届长江沿岸城市旅游产品交易会上第一次露面，就以它独特别致的魅力赢得了鉴赏家、收藏家和旅游产品部门负责人的浓厚兴趣和高度评价。从此景纹石作为艺术品开始走向市场。

斑马石

斑马石是内蒙古高原上的一种彩色岩石。它的米黄色基底上有紫红色的条带纹理，如同斑马身上的花纹一样，从而得名。斑马石主要由方解石、白云石等浅色矿物组成，呈现出来的就是花色条纹。那紫红色条纹是由于上述浅色矿物中含有褐铁矿的缘故。斑马石的硬度大于大理石，能切

斑马石

块、雕刻，还可磨得很光亮，是良好的建筑饰面石和工艺品石料，可做饰面砖、茶几面、台灯座、砚台等，利用它的天然纹理，雕出非洲斑马和虎、豹，更有巧夺天工之妙。

砾 石

砾石是沉积物分类中的一种名称，指的是风化岩石经水流长期搬运而成的粒径为 2～60 毫米的无棱角的天然岩石或矿物碎屑物。按平均粒径大小，又可把砾石细分为巨砾、粗砾和细砾三种：平均粒径 1～10 毫米的称细砾；10～100 毫米的称粗砾；大于 100 毫米的称巨砾。砾石经胶结成岩后，称砾岩或角砾岩。

千姿百态的岩石地貌

溶 洞

溶洞是因地下水对石灰岩的溶蚀作用而开拓出来的地下岩洞。在发育较好的溶洞里，常可见到千姿百态、琳琅满目的钟乳石、石笋、石柱、地下河道等。溶洞的大小不一，大的溶洞可有容纳数千人的高大厅堂。在一些大的溶洞内，往往有好几个"大厅"。广西桂林的七星岩就有六个"大厅"，最宽处达 70 米，最高达 75 米；马来西亚在加里曼丹岛上的国立穆卢公园内有世界上最大的

桂林七星岩

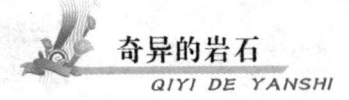
地下溶洞，其面积足有 16 个足球场大小。如果是地壳间断上升，溶洞也可分层分布。江苏宜兴的善卷洞就分上、中、下三层；美国肯塔基州的猛犸洞，共由 255 条地下通道组成，全洞共分 5 层，上、下、左、右均相通，构成一个庞大的岩洞系统。世界最深的溶洞是法国位于阿尔卑斯山中的让·贝尔纳尔溶洞，深达 1491 米。溶洞一般曲折幽深，像一座座扑朔迷离的地下迷宫。由于溶洞形态独特，多辟为观光旅游区。

钟乳石

钟乳石又叫"石钟乳"，是溶洞顶部向下生长的一种碳酸钙沉积物。在石灰岩溶洞中，当地下水顺着溶洞顶部的裂隙向下渗透下滴时，由于温度和压力的变化，溶于水中的碳酸钙便沉淀下来，开始只是附在洞顶上突起的小小疙瘩，随着沉积物自洞顶向下延伸，下垂的碳酸钙沉淀物的外形就成为钟状或乳房状，好像我们在冬天所见到屋檐下垂着的冰柱一样。钟乳石一般独立下垂，也有和溶洞洞壁结合为一体的。钟乳石形态各异，有的如宫灯悬挂，有的如飞瀑下泻。目前世界上最长的钟乳石是在爱尔兰的波尔洞中，钟乳石下垂的长度达 11.6 米；而与洞壁相连的钟乳石，最长的是在西班牙的一个溶洞中，其长度有 59 米。

钟乳石

石 笋

石笋是溶洞底部生长的一种碳酸钙沉积物。在石灰岩溶洞中，由于流水对石灰岩的溶蚀，当含有碳酸钙的水滴下滴后，水中的碳酸钙便在洞底逐渐沉淀下来，经过长期的沉积，慢慢地越积越高，好像是春天从地下冒出来的

竹笋一样，所以得名。和钟乳石不同的是，钟乳石向下伸延，而石笋则向上生长，一般是钟乳石和石笋上下相对地分布，一个挂在洞顶，一个矗立于地表。目前世界上最大的石笋位于古巴的马丁山洞中，当来到山洞前，就可看到山洞里的红色庞然大物。石笋高达63.2米，底宽134米。

石 柱

石柱是溶洞中由于碳酸钙沉积而形成的柱子。洞中先有了钟乳石和石笋，它们一般上下对应着，随着不断地沉积，钟乳石越伸越长，而石笋越长越高，最后便连在一起，形成石柱。石柱在洞中顶天立地，像是支撑着大厦的顶梁柱，碳酸钙在石柱表面形成各种各样的形状，像是在柱子表面雕琢出的奇花异草，飞禽走兽。它们错落分布在溶洞中，使本来就奇特的深洞，变得更加神奇，变幻莫测。江苏宜兴善卷洞洞口有一石柱叫砥柱央，像是擎天大柱支撑着洞顶，洞中还有一石柱，表面像是熊猫在爬树，栩栩如生，憨态可掬。贵州镇宁犀牛洞内有一石柱高达27米以上，高耸挺拔，令人赞叹不已。

石 柱

石 林

石 林

石林是陡峭的石峰林立在地表的一种喀斯特地貌。石灰岩地层由于受地壳运动等影响，产生了不少裂缝，当含酸的水渗入这些裂缝后，通过溶蚀等作用，使裂缝不断扩大而成为沟、谷，随着溶蚀作用的继续扩大，裂缝之间只留下陡峭

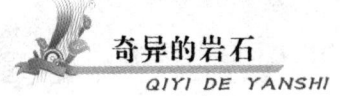
的岩石,这样,便形成了石林。最著名的是中国云南路南石林。这里一峰一姿、一石一态,显得神奇美妙,变幻万千。有的酷似飞禽走兽,如"双鸟渡食"、"凤凰梳翅";有的是危岩欲坠,令胆小游客不敢迈步,如"千钧一发";而最有名的是身背背箩、亭亭玉立的撒尼族姑娘"阿诗玛"。无数游人被路南石林的神奇壮观所倾倒,把她誉为"天下第一奇观"。

峰 林

峰林是石灰岩广泛分布的地区,在长期流水的溶蚀、侵蚀等作用下,不断分割地表而形成的一系列奇特而挺拔的山峰。峰林的坡度较陡,其规模要比石林大,高度可超过 100 米,山体内部常有溶洞、地下河等。主要发育在热带和亚热带季风区的石灰岩分布地区。峰林的山峰形态奇特而俊美,生动有趣,以中国广西的桂林、阳朔一带发育最为典型。如桂林的独秀峰平地拔起,巍巍如"南天一柱";伏波山卧伏江边,大有回澜伏波之势;七星山七峰连绵,宛如苍穹七斗;叠彩山如彩锦堆叠,翠屏相间;象鼻山酷似巨象在饱饮江水;骆驼山则如长途跋涉的骆驼在途中小憩;望郎山形如昂首盼郎远归的少妇;九马画山正看如九马嬉戏,侧看则像伏枥老骥……真是美不胜收,给人以遐想,给人以美的享受。

桂林阳朔的峰林

天生桥

天生桥也叫"天然桥"，是两端和地面连接，中间悬空如桥一样的地貌。在石灰岩分布地区常常可以看到，主要是地下溶洞或地下河的顶部两侧岩石发生崩塌，中间残留部分就露出地表而成。其他还有黄土分布地区或海滨地区，由于流水或海水的侵蚀而成。

贵州黎平县天生桥

美国西部的科罗拉多高原上有一座庞大的天生桥，高出水面94米多，桥顶厚13米，桥面宽6.7～10米，像彩虹横卧在一条小河上，甚为壮观。中国云贵高原上贵州省黎平县发现了一座天生桥，它长达118.92米，比原先人们认为最长的天生桥——美国犹他州的"风景拱门"桥长出30.22米，成为目前世界上真正的最长的天生桥。

知识点

喀斯特地貌

喀斯特地貌是具有溶蚀力的水对可溶性岩石进行溶蚀等作用所形成的地表和地下形态的总称，又称岩溶地貌。除溶蚀作用以外，还包括流水的冲蚀、潜蚀，以及坍陷等机械侵蚀过程。这种现象在南欧亚德利亚海岸的喀斯特高原上最为典型，所以就把这种地形笼统地称之喀斯特地貌。

自然界中的岩石景观

　　自然界中的岩石多种多样，千姿百态，它们在特定的地质作用和小范围的环境作用下，形成了奇特的岩石景观。由于构成景观的岩石类别不同，所形成的景观也就有所不同，但也正因为如此，才给世人呈现出了这一幅幅风格迥异的令人叹为观止的大自然的杰作。另外，这些奇特的岩石景观历经百年、千年的岁月洗礼，有的蕴含着厚重的历史感，因此也可以说是一道道独特的人文景观，如南京的雨花台、长江中下游两岸的赤壁矶和黄鹤矶等就是自然景观和人文景观的完美结合。

砂岩形成的自然奇景

砂　岩

　　沿着河西走廊由东向西行，一片片戈壁沙丘连绵起伏，看不到头。从景泰川到古阳关，东西长1200多千米的走廊，北边紧靠着腾格里、巴丹吉林和塔克拉玛干三个大沙漠。真是"登高远望一片沙，大风一起不见家"，"今夜不知宿何处，平沙万里绝人烟"。

在黄海之滨的青岛，夏天的阳光照耀在宽广的沙滩上，晶莹的砂粒闪烁着亮光，洗过海澡的男女青少年们躺在沙滩上，沐浴在阳光下，那里是一个多么甜恬的场所！

可是，你是否想过，坚硬的砂岩就是由这些松散的砂子组成的。砂子的主要成分是石英，还有长石、云母及一些岩石碎屑等。

砂岩有许多特征可以反映沉积环境。砂子的磨圆程度可以反映砂粒搬运的路程的远近。砂子颗粒大小的均匀程度可以反映砂粒的分选性的好坏，像青岛海滨浴场的沙滩就是分选很好的砂。砂岩的颜色可以反映沉积时的古气候，著名的重庆红岩和南方各地白垩纪（距今 140～70 百万年）的红层，反映出它们是在干燥的热带——亚热带气候条件下生成的，暗绿色和富含有机质的暗灰色砂岩，说明是在潮湿而温暖的气候条件下形成的。砂岩层面上的各种波痕是河浪、海浪和风留下的痕迹。各种层理可以反映当时的海洋、河流、湖泊等的水流速度和水流方向。

砂和砂岩有重要的经济价值。砂岩是制造人造金刚石、硅砖和玻璃等的原料，也是重要的建筑材料。海绿石砂岩可作钾肥。砂和砂岩中有多种矿产资源，如石油、天然气、砂金矿、砂锡矿、砂铂矿、砂钨矿、独居石（含铈和镧）、锆石（含锆、铪）、金红石和钛铁矿（都含钛），以及砂岩铜矿、砂岩铀矿等。

由砂岩所造成的许多奇山怪石，已经成为游览的胜地。这里略举一两个名山和异石，以飨读者。

燕子矶和采石矶

长江中下游两岸，砾岩、砂岩裸露，矗立江边，悬崖峭壁，突出江中。三面环水、一面靠山的石滩，人们素来称它为"矶"。以矶命名的临江悬崖很多，如火烧赤壁的赤壁，称为赤壁矶；武昌的蛇山，称为黄鹤矶；还有湖南岳阳的城陵矶，安徽芜湖的螃蟹矶，马鞍山的采石矶，南京的三山矶、燕子矶等。

南京中央门外，长江的南岸，幕府山的东北端，有一座三面临水的小山，山高 36 米，临江一面陡峭如削，峭拔秀丽，壁立江上，仿佛一只"凌江欲飞"的娇燕，人们称它做燕子矶。有人形容它是"一石吐红溃，三面悬壁尊

南京燕子矶

绝，势欲飞去"，登矶远眺，"白云扫空，晴波漾碧，西眺荆楚，东望海门"，"春夏水涨，浪涛轰鸣于足下"，颇为壮观。

燕子矶自古是南北往来的重要渡口。相传明太祖朱元璋和清朝的乾隆皇帝都是从这里过江到南京的。现在矶头上还有一座碑亭，上有乾隆 1751 年亲笔手书"燕子矶"三个大字和诗数首，其中一首写道："当年闻说绕江澜，撼地洪涛足下看。却喜涨沙成绿野，烟村耕凿久相安。"从燕子矶向西南望，就是风景优美的幕府山。

燕子矶的形成与岩石的性质密切相关，与断裂和流水的冲刷也不无关系。燕子矶由晚白垩世（距今 1 亿年到 7000 万年）的红色砾岩和砂岩组成。砾石的成分很复杂，但主要由石英砂岩和石灰岩成分的砾石组成，也含有燧石和火成岩的砾石，胶结物质为铁质和砂质。岩石抵抗风化的能力较强，虽然千百万年来，长期受到长江流水的冲击，但今天仍然屹立江边。燕子矶的形成，除岩性这个重要因素外，还有"合作者"的帮助。今日长江流经之处，都是当年岩石的断裂破碎带。由于河水下切，两岸一度形成悬崖陡壁。因矶附近的岩石裂隙发育，把岩石切割成支离破碎的岩块，流水沿着裂隙侵蚀、冲刷，久而久之就变成平坦的河岸了。而矶台的岩石裂隙很少，岩石坚硬，流水无隙可乘，侵蚀力量比较薄弱，因此形成突出的小山，峭立于大江边上，燕子矶等矶石就是这样形成的。

在安徽省马鞍山市西南郊，有一个郁郁葱葱的临江山头，人们称作翠螺山，也叫采石矶。这里悬崖绝壁，山势雄伟。唐代大诗人李白晚年时常来这里，留下了许多有名的诗篇。后人为纪念他，在矶头上盖了太白楼，又称谪仙楼。内有黄色木刻李白立像一尊，昂首远眺，神采奕奕。另有一尊太白卧像，他左手撑地，右手持酒杯，形象逼真。壁间有郭沫若草书屏条："我来采石矶，徐登太白楼。吾蜀李青莲，举杯犹在手。遥对江心洲，似思大曲酒。赠君三百斗，成诗三万首。红旗遍地红，光辉弥宇宙。"

安徽采石矶

采石矶由距今1.5亿年的侏罗纪的长石石英砂岩组成，悬崖陡壁由断层切割而成。在江边岩石上刻有"天下太平"四个大字。临江绝壁上，建有三元洞，半山有"联璧台"。仔细观察，可见砂岩中有页岩夹层。从对岸或船上还可看到采石矶岩壁呈一系列的三角形，地质上称为断层三角面，它是沿江大断层的证据。李白的《望天门山》诗云："天门中断楚江开，碧水东流至此回。两岸青山相对出，孤帆一片日边来。"从地质历史上来说，长江两岸的山以及采石矶，原来都是连在一起的，由于断层把它断开了。"天门中断楚江开"是最形象不过的写照了。

长江中下游的矶石都与岩性密切相关，如湖北的赤壁矶是晚白垩纪的东湖组砂岩，南京的三山矶是侏罗纪的火山岩组成，它们都是一些抗风化、抗腐蚀力强的坚硬岩石。由此可以说明，"矶"的形成和岩性的关系是非常密切的。

峡谷明珠

在美国西部，有许多宏伟壮丽的大自然奇观，已被人们开辟为自然公园。其中以科罗拉多河的大峡谷和死谷最为著名，它们以大自然的奇伟雄姿吸引着那些酷爱大自然的人们。

科罗拉多大峡谷

在3000多平方千米的科罗拉多高原上，近于水平的砂岩，被一条条河流切割成了许多峭壁耸奇的峡谷。齐昂国家公园为蜿蜒的圣母河穿越，河流两岸绝壁如削，峭壁多由坚硬的红色和青白色砂岩组成。岩石上巨大的交错层理组成一幅幅奇绝的图案闻名于世。交错层的斜层理厚达10多米，是世界上罕见的地质现象。据研究，这是古砂丘的遗物。原来，在科罗拉多高原形成以前，这里是一片荒漠的沙海，风不停地卷起沙浪，此起彼伏。沙粒停积下来以后，形成了一组斜层理，若干地质年代以后，风向发生改变，又沉积了另一组斜层理。不同方向的斜层理彼此交错，就构成了交错层。高原的抬升和河流的下切使砂岩中的交错层露出地面，造成了宏伟壮丽的大自然奇观。

科罗拉多高原上的另一个天然公园就是火谷公园，它以美丽的砖红色砂岩为特色。疏松的不等粒砂岩经风雨不断雕琢，形成了特殊的地貌景观。沿着砂岩中近于垂直的节理和砾石脱落后的小洞，形成了许多奇形怪状的石窟，酷似天然的石龛。曾有不少神学者和宗教术士到洞里静修，企望得到神灵的启迪。

纪念谷公园却是另一番景色。公园里面散布着许多大小不等的平顶桌状残山，其间点缀着丛丛绿树和棕黄色的沙丘，还有许多奇形怪状的石柱，风景十分绮丽。砖红色的砂岩及砂页岩互层构成了桌状山。山下，分布着许多石蘑菇和石桌。从山上掉下来的千钧巨石，都巧妙地落在砂页岩组成的细小基座上，好似风吹欲倒，但它却稳如泰山，一动不动。

美国犹他州纪念谷

亚利桑那州的"化石森林"更加引人入胜。在彩色斑斓的山谷中，一段段"树木"、一块块"劈柴"在阳光下闪闪发光。仔细看时，那些古老的树木已经变成彩色的化石，碧玉和玛瑙代替了木质纤维，形成了硅化木。较大的硅化木就像古代的大炮斜卧在山巅上。硅化木原来掩埋在砂岩中，由于砂岩被罕见的暴雨冲刷掉，硅化木就暴露在地面上了。大量硅化木的出现说明这里曾是一片广阔的冲积平原，河流的上游生长着许多高大的针叶树，洪水把大树冲到平坦的河床中，迅速地被泥沙和火山灰掩埋。深埋在泥沙中的大树，由于缺氧而没有腐烂，在其周围的泥沙固结成砂岩和页岩，成岩以后，树木中的木质纤维逐渐被硅质所代替，就成为硅化木。

丹霞风景

广东省仁化县境内的丹霞山，是省内四大名山之一。丹霞山南距县城不到 10 千米，是粤北茫茫群山中一簇俊秀的峰林，主峰长老峰和晚秀墩是全山的中心。周围有巍峨的僧帽、柱天的蜡烛、铜鼓寨、蹒跚的群象和壶山等，诸峰林立。山中别传寺已有 300 余年历史，由明末虔州巡抚李永茂建造，成为明末遗民的"世外桃源"。

在丹霞山上，一座座"断壁残垣"、一根根擎天巨柱、一簇簇朱石蘑菇拔地而起，犹如列峰排空，巍峨雄奇。远眺丹霞诸峰，则群峰如簪，玲珑剔透，好像盆景石趣，精巧多姿。这些都是砂岩被溶蚀的标准地形。1928 年，地质

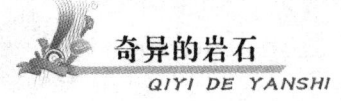

学家冯景兰先生在粤北一带作地质调查时，特命名为"丹霞地形"。现在"丹霞地形"已经成为第三纪红色钙质砂岩、钙质砾岩形成的岩溶峰林的专称了。

广东丹霞山

远在 6000 万年以前，丹霞山还是烟波浩渺的一片碧水，湖底沉积着从四面八方搬运来的砾石和砂子，还有一些钙质充填在砾石和砂子的孔隙之间，在漫长的地质年代里，砾石和砂子被钙质胶结起来，固结成坚硬的岩石。后来，随着地壳缓慢抬升，钙质砾岩和砂岩暴露在地面上，地表水沿着岩石上面的垂直节理（裂隙），像雕刀一样切割、冲刷、溶蚀，久而久之，就修凿出这千姿百态的峰峰岭岭，如龙似凤，似人似猿。也溶蚀出万千石洞，小如鹰巢，大如堂殿，有的竟成了僧尼的庵堂。现在整个丹霞山已成为地貌学中典型的丹霞地形。

落花如雨

相传，在南朝梁代（公元 502—557 年），有位云光法师，在今天南京中华门以南约 1 千米的小山岗上讲经，感动了佛祖，天上落花如雨。自此以后，这一带的平台状小山丘就取名叫雨花台。小山丘上所产的花纹美丽、颜色鲜艳的鹅卵石，被称做雨花石。凡是到过雨花台的人，都要拾一些圆滑而色泽晶莹、花饰漂亮的雨花石回去，放在水碗中，或放在盆子里，用水浸泡，使它显示出更绚丽的色彩、美丽的花纹。解放前，雨花台是反动派屠杀革命人民的刑场，山岗上的寸草块石都染有烈士的血迹。今天，人们喜欢雨花石，也有缅怀革命先烈之意。

实际上雨花石不是天上"落花如雨"的仙石，而是地面上一些坚硬的普通顽石。雨花石的化学成分主要是二氧化硅，由石英砂岩、石英岩、硅质岩和火山岩等坚硬

南京雨花台烈士陵园

的岩石和石英、玉髓、蛋白石等硅质矿物所组成。颜色白如玉的雨花石为石英岩或矿物石英，红色的是含有铁质的石英岩；黑色的是燧石，用锤子敲击时可冒火花，在黑色燧石上可划出金属的条痕，用来鉴定金银，俗称试金石。翠绿色和蓝色的雨花石是含有铜矿物的硅质岩；紫色的含锰；黄色半透明的

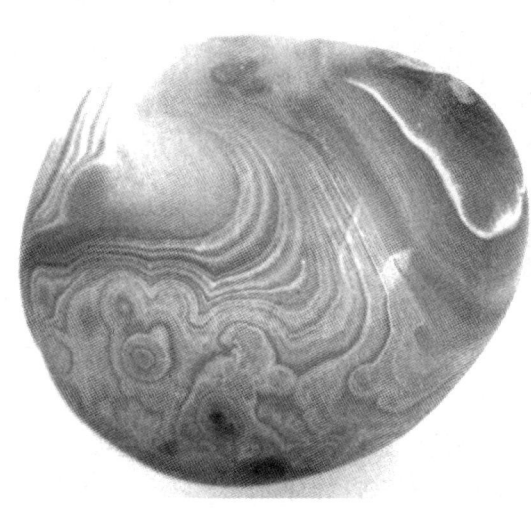

雨花石

叫石髓，是一种胶体二氧化硅；同心圆状的雨花石，称为玛瑙。

雨花石是一种砾石，长轴大多是3～5厘米，平均粒径为2.2厘米，砾石的磨圆和光滑程度都很好。雨花石成层状分布在雨花台的山丘上，并有一定层位，这一层位叫做"雨花台砾石层"，有10多米厚，砾石之间为砂子。砾石和砂子的比例大致为3：1。

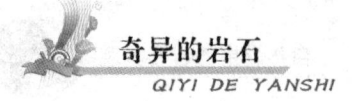

近半个世纪以来，雨花石的成因一直是人们所关注的问题。在距今1200万~300万年前，地质时代属第三纪晚期，第四纪早期，古长江及其支流的水，把上游和周围山上的岩石碎块向下游搬运，在长途旅行中，石块和石块互相摩擦，石块与河床或两岸摩擦，磨成圆形或扁圆形的鹅卵石。那些硬度小的岩块被磨成砂或粉末；石英岩类的石块坚硬、耐磨，成为砾石。大量的砾石和砂子在地形变缓、水流速度变小的地方，就成层堆积下来，形成砾石层或沙砾层。

雨花石的来源比较复杂，它来自沉积石英砂岩、硅质岩、沉积石英岩、变质石英岩和火山岩（如玛瑙和碧玉）等。

黑色雨花石是很好的试金石，石英质的雨花石可作工业上的研磨材料，玛瑙质的雨花石是工艺美术原料。

金鸡石

广东八大名景之一的金鸡石，位于广东省乐昌县坪石镇金鸡岭。岭上金鸡石惟妙惟肖，闻名于中外。金鸡岭上除金鸡石外，还有"瑞霄泉"、"拴马坪"、"一字峰"、"石蜡竹"、"点将台"、"练兵场"等名胜古迹。

由红色钙质砂岩、红色砂质页岩及红色含砾砂岩组成的"金鸡"，身长20.80米，高8.40米，宽3.80米，可谓天下最大的"雄鸡"了。"金鸡"全身"羽毛"通红，鸡头向北，鸡尾朝南，雄伟壮观，形象逼真。

广东八大名景之一——金鸡岭

金鸡石是大自然的杰作，组成它的红色砂砾岩、砂质岩石，是5700万~6600万年前地质时期中第三纪早期的产物。这套岩石垂直节理（裂隙）发育，而且钙质胶结物易溶于水，金鸡的头部为红色薄层钙质砂岩，颈项为红色砂质页岩，两者都易被溶蚀因而构成凹形。鸡身和鸡座是红色中厚层钙质含砾砂岩和砂岩，抵抗风化的能力较强，保存比较完整。在长期的差别侵蚀作用下，使残留的含砾砂岩、砂岩构成了淋蚀景观，形成了形如金鸡的金鸡石。

金鸡石

金鸡之所以为红色，是因为岩石形成于干燥、炎热的气候条件下，砂岩中的铁质变成三价铁的缘故。

金鸡是大自然的杰作，它也将被大自然所毁灭。科学家预言，它的寿命只有4200年左右。因为自然界中万物都处于不断的变化和发展中。若每年金鸡所受到的风化速度以垂直速度计算为0.2厘米的话，鸡头的高度为2.60米，只能保存1300年，鸡身的高度为8.40米，也只能保存4200年。所以，几千年后，金鸡将不翼而飞。到那时，将是"金鸡知何去，空有游人处"的景象了。

构造运动

构造运动是由地球内力引起地壳乃至岩石圈的变位、变形以及洋底的增

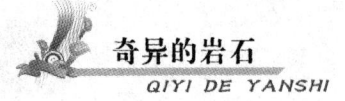
生、消亡的机械作用和相伴随的地震活动、岩浆活动和变质作用。构造运动产生褶皱、断裂等各种地质构造，引起海、陆轮廓的变化，地壳的隆起和凹陷以及山脉、海沟的形成等。构造运动的最基本方向有两种：水平运动和垂直运动。前者是指地壳部分沿平行于地表即沿地球各地表面切线方向的运动，它使岩层发生水平位移；后者是指其垂直于地表即沿地球铅垂线方向的升降运动，它使岩层发生隆起与凹陷。

石灰岩形成的自然绮丽景观

石灰岩

在碳酸盐家族中，人们经常见到的是石灰岩和白云岩"两兄弟"。它们几乎占沉积岩总体积的 7.7%。石灰岩分布广泛，在地球上裸露的面积近 130 万平方千米，在各地质时期都有碳酸盐岩生成。石灰岩是保存古生物化石最好的"博物馆"，地质学家可以借助保存在地层中的古生物化石，考查生物的历史发展情况。

石灰岩类能溶解于水。特别是在富含二氧化碳的水溶液的长期作用下，便生成碳酸氢钙，完全溶于水并随水流失。其反应如下：

$$CaCO_3 + H_2O + CO_2 \rightarrow Ca(HCO_3)_2$$

这个反应如果在热带或亚热带地区，就会进行得更快更完全。许多景色绮丽的奇峰异洞，如云南的路南石林、广西桂林—阳朔一带的溶洞和溶蚀地形等，都是这样形成的。然而，石林和岩洞的成因也不尽是岩溶成因的，有的是砂、砾岩类的淋蚀石林和岩洞。

路南石林

在云南省路南彝族自治县境内，有一个由石灰岩构成的石林，人们称之为路南石林。石林的面积广大，达 40 余万亩，供游览的"林区"就有 1200 多亩。远眺石林，灰岩峥嵘，奇石点点，星罗棋布于阡陌田畴中。在"林区"内，在巉岩怪石中最大的一块石壁上，刻有斗大朱红色的隶书"石林"二字。

举目四望，奇峰林立，千姿百态，如笋似柱，若塔若蘑菇，石柱高的有 20 ~ 30 米，低的有 5 ~ 10 米；有的孤峰高耸，有的众柱成群，重重叠叠，丛丛簇簇，石峰如林。石峰之间，深狭的溶沟呈蜿蜒的回廊、晶莹的溶蚀湖和迷宫般的地下洞，风景十分瑰丽。其中以石林湖、狮子亭、石林草坪、莲花峰、剑峰池和望峰亭等处风景最佳。

20 世纪 70 年代初，在路南石林东北方向约二十千米处，发现了一个石林新秀，比路南石林更加壮丽奇特。区内石柱多呈蘑菇状，远眺犹如灵芝丛生，人们称它为"灵芝林"。灵芝林耸立在一个巨大的浅碟形溶蚀洼地中央。石柱平均高约 10 米，最高的达 40 多米，形态多姿，似禽似兽，栩栩如生。人们望形生义，呼之为"骆驼爬杆"、"鹦鹉学舌"、"群象漫游"、"猛虎扑食"、"西天佛祖"、"羚羊格斗"、"海岸卫士"等，不一而足。林区内陡壁如削，峡谷幽洞，深邃曲折，还有两个通往地下的溶洞口，洞下水流潺潺，四季常盈，洞内石笋、石钟乳、石柱琳琅满目，洞长三千米，时宽时窄，曲折相通。

石林景观是怎样形成的呢？在距今 2 亿多年以前，地质时代为二叠纪时，我国西南地区是一片汪洋大海，沉积了巨厚而质纯的石灰岩。后来，在距今 7000 万年时，发生了巨大的地壳运动，叫燕山运动，在燕山运动中西南地区渐渐抬升为陆地。大约在 3000 万 ~ 2000 万年以前，路南地区气温高而多雨，雨水中溶解有大量的二氧化碳和有机酸，因此，加速了石灰岩的溶解；另一方面，由于地壳运动，石灰岩产生了稀疏的裂隙，沿裂隙向下溶蚀，逐渐形成峰顶与四壁成"V"形峡谷状的溶蚀裂隙，随着溶蚀作用的进行，裂隙逐渐加深，并向侧方扩大，形成石芽。石芽进一步发展，彼此脱离并增高，形成高大的石林型石芽；第三方面，由于石灰岩层面平缓，倾向在 0 ~ 10°之间，所以石芽分离后也不坠地，开始形成石林；第四方面，石林形成后，又被老第三纪地层覆盖，保护了石林，在以后漫长的地质岁月中继续受到溶蚀，待到距今 50 万年的第四纪时，地壳回升，雨水将老第三纪地层冲刷殆尽，于是得天独厚的石林露出新颜，成为天下第一奇观。

桂林山水甲天下

以山水风光著称的桂林—阳朔一带，是一种石灰岩岩溶发育的峰林谷地

奇异的岩石
QIYI DE YANSHI

桂林市区里的独秀峰

和孤峰平原地形，是亚热带岩溶地形的典型代表。它的地形特点是：在平坦的大地上和大江岸边，一座座山峰拔地而起，危峰兀立，各不相连。桂林市中心的独秀峰，奇峰突起，岿然独立，犹如一支擎天巨柱。其上题有"南天一柱"四个大字。有的山峰又相依成簇，奇峰罗列，形态万千，如七星岩有七个山峰相连，犹如北斗七星。有的山峰连绵成片，远远看去，好似千重剑戟，指向碧空，大有"欲与天公试比高"之势。

桂林山水的另一个特点是：在石山腹内遍布着迷宫仙境般的岩溶

洞穴，有人用"无山不洞、无洞不奇"的词句来形容溶洞的众多和变化无穷。实际上，这里不仅山山有洞，而且从山脚到山顶溶洞遍布，犹如层层楼阁。桂林市的叠彩山、七星山、象鼻山等，不仅形态奇特，而且其中的溶洞也各具特色。溶洞中石钟乳、石笋千姿百态。古今游人根据其形态，起了许多有趣的名字，流传了许多神话故事。如对歌台、仙人晒网、银河鹊桥、叶公好龙、望夫石、画山观马、还珠洞、孔雀开屏等。举世闻名的七星岩和芦笛岩就是这种溶洞的典型代表。

桂林象鼻山

知识点

白云岩

白云岩是一种沉积碳酸盐岩，主要由白云石组成，常混入石英、长石、方解石和粘土矿物。呈灰白色，性脆，硬度小。按成因可分为原生白云岩、成岩白云岩和后生白云岩；按结构可分为结晶白云岩、残余异化粒子白云岩、碎屑白云岩、微晶白云岩等。

白云岩含镁较高，风化后形成白色石粉。较石灰岩坚韧。在冶金工业中可作熔剂和耐火材料，在化学工业中可生产钙镁磷肥、粒状化肥等。

桂林—阳朔一带山水、岩洞之娟秀，自古以来就吸引着远近的游人。自1500多年前的隋代直至今天，在岩石上和在溶洞的洞壁上刻有大量的题词、诗歌、散文和雕像。其内容不仅有对大好河山的赞颂，还记载了许多宝贵的史实。它们是我国文化艺术中的珍品。

桂林芦笛岩

那么，桂林—阳朔一带怎么会形成奇特的岩溶地形呢？原来，远在距今4亿～2亿年的古生代泥盆纪至二叠纪，广西壮族自治区全境曾是一片汪洋大海。在广阔的海洋中，沉积了厚达3000～6000米以石灰岩为主的碳酸盐岩层，为岩溶地形准备了物质基础。二叠纪末期，此区地壳大面积抬升成为陆地，石灰岩暴露于地表。湿热的气候环境，使石灰岩遭受强烈的剥蚀和岩溶作用。到距今1亿年～7000万（地质年代为白垩纪），广西全境地壳强烈运动，岩石普遍发生褶皱和断裂，为岩溶作用向岩体深部发展创造了有利条件。第三纪以来，区内地壳缓慢上升，就使垂直方向的岩溶速度大于水平方向的岩溶速度，从而发育了许多深邃的小洼地。因此，广西盆地的点点孤峰、美

丽的峰林、岩溶平原和大面积的峰丛洼地的形成，除与地壳运动、湿热的古气候、地下水和地表水的侵蚀作用有关以外，主要是石灰岩易于溶解的性质造成的。

桂林—阳朔山水风光

"桂林山水甲天下"出于清代金武祥的笔下，而"桂林山水甲天下"的成文，还有个历史发展过程。最早赞美桂林山水的文字，是南北朝宋文帝元嘉初年（公元424年）诗人颜延之写的"未若独秀者，峨峨郭邑间"。这只是着眼于独秀峰，笔触很窄。唐代杜甫的"宜人独桂林"，一个"独"字已把桂林与外地作了比较。宋代嘉祐七年，广西转运使李师中说："桂林天下之胜，处兹山水……"，第一次在"天下"的范围内评说桂林。以后，类似这样的说法逐渐增多。如张㓸的"桂林山水冠衡湘"，邓公衍的"桂林岩洞冠天下"，张孝祥的"桂林山水之胜甲东南"等。特别是到了南宋乾道、淳熙年间，曾任桂林地方官的杰出的政治家和诗人范成大，写下了"桂山之奇，宜为天下第一"的赞语，把对桂林山水的评价提高到一个新的高度。过了84年，到南宋末年，李曾伯在《重修湘南楼记》中就直书、"桂林山川甲天下"了。后来，金武祥又改成"桂林山水甲天下"，并且加了一句"阳朔山水甲桂林"。近代，许多读物和教材引用此句均源出于此。实际上，历来都有人持不同看法。他们认为，桂林和阳朔的山水风光格调相同，是一个完整的画卷，没有必要把它们分割开来。陈毅同志曾说"桂林阳朔不可分，妄为甲乙近愚庸"。

太湖石及其他假山石

我国南方的园林胜景，在国内外都享有盛名。但任何园林，要叠置别致的假山都少不了采用"太湖石"。人们欣赏太湖石，仿佛是在观看一幅清奇淡雅的水墨画。颐和园的乐寿堂前院里摆着一块好几万千克重的太湖石，名曰"青芝岫"。这块巨石原是明朝大臣米万忠从房山县准备运来米氏三园（漫园、

勺园、湛园）的。由于石头太大，无法运回，半途而废了。后桌写有"大石记"叙述此事。清朝乾隆年间，皇室发现此石后，才搬来颐和园内。乾隆皇帝写了一首《青芝岫》诗来赞诵这块太湖石。

远在唐代，"太湖石"就用来叠砌假山，美化环境。到了宋代，统治阶级大建园

颐和园中的"青芝岫"

林，太湖石的需要量日益增加。宋徽宗（赵佶）宣和五年，苏州朱勔等人，为迎合徽宗所好，搜奇拣异，名花怪石，并动用大批船只搬运，10只船组成一"纲"，号称"花石纲"。当时朱勔动员2000多民工通过大运河把一块既高又大、玲珑剔透的"太湖石"运到开封，受到了徽宗的赞赏。

此外，苏州留园的"冠云峰"，南京瞻园的"仙人峰"，上海豫园的"玉玲珑"和杭州的"皱云峰"，都是宋朝"花石纲"的一部分遗物。其中，苏州留园的"冠云峰"高2丈多（约6.7米），被誉为园林湖石之秀。

20世纪80年代，中国园林建筑师为美国纽约大都会艺术博物馆，修建一座仿造苏州"纲师园"的"殿春簃一明轩"，因此，"太湖石"远渡重洋，蜚声海外。

玲珑剔透的太湖石

太湖石是一种被溶蚀后的石灰岩，北方的房山等地也有产出。但以长江三角洲太湖附近的岩石为最佳，故得名太湖石。这些石灰岩经长期风吹雨淋，太湖水的浪打波击，石灰岩的节理经溶蚀扩大，相邻沟壑逐渐形成洞穴。所以太湖石有"漏"、"瘦"、"透"、"皱"四大特色。

南方太湖石的颜色呈灰白或铁灰，多孔而且含有砾石等特点。北方房山的太湖石颜色灰中泛黑，孔少且大，形态突兀、挺拔，别具风格，如颐和园里的"青芝岫"。南方和北方太湖石的差异，主要在于南方气温高、降雨多，水系发育，溶蚀现象普遍，甚至在溶蚀的同时，一部分小砾石又被碳酸钙溶液胶结起来，形成多孔而且含砾的太湖石。

在气候比较潮湿的江边、海滩上，石灰岩也可以造成"太湖石"；在以石灰岩为主的山区，地表的岩石遭受数十万年、甚至上百万年的风化作用后，也可以变成"太湖石"。一些为水泥厂或石灰窑提供原料的采石场上，那些凹凸不平、形状多样的石灰石可以直接取来做假山，效果也不会亚于来自太湖的太湖石。所以，太湖石的来源是比较广泛的。

具有太湖石外貌——"漏、瘦、透、皱"特点的岩石，除石灰岩外，还有白云岩。但因白云岩的化学成分是碳酸钙镁，其溶蚀程度不如石灰岩。工艺师如能把它与典型的太湖石搭配使用，园林将同样能获得美观、大方、玲珑剔透、柔曲圆润的效果。

园林建设中的石材，除太湖石外，常见的假山石还有石笋、黄石、宣石、板岩和千枚岩等。用它们叠石造山，与树木花草、碧波流水、亭台廊榭相衬，可以达到艺术美和天然美融为一体、一步易景的效果。下面就来谈谈假山石吧！

1. 石笋叠石。造山用的石笋，不是石灰岩溶洞里的岩溶石笋，而是具有瘤状的泥质结核的石灰岩。这种岩石常呈狭长的柱状，表面具有圆形的瘤或小孔空洞，颜色有浅紫、灰绿、灰黄等。如果把它竖放在翠竹林中，恰好构成"一株石笋夹成都"的绚丽景色。

瘤状泥质结核灰岩是在海水动荡的浅海环境中形成的。瘤是由泥质聚合形成的结核，被碳酸钙等沉积包裹形成岩石。当岩石暴露在地表，经风化、剥蚀时，由于泥质成分的瘤与周围碳酸钙成分的岩石抵抗风化的能力不同，最后就形成了瘤突出在碳酸岩外或泥瘤脱落成空洞，从而成为园林建设中的珍奇石材。

瘤状石灰岩常见于南方，主要分布在长江中下游。北京中南海瀛台有几根高达6米多的大石笋，是从浙江常山和江山一带经长途搬运来的。那里的石笋颜色多样，红绿黄橙交辉，色彩明丽，石面凹凸，玲珑有趣。

2. 黄石。这是一种色艳质坚的岩石。目前，园林建筑多采用石英砂岩类作为园林布置的石材。例如无锡的蠡园、苏州的沧浪亭和北京的颐和园几乎都采用了石英砂岩。

石英砂岩由石英、长石和少量的云母片组成，是一种分布相当广泛的沉积岩。石英砂岩在风化前是洁白色的；风化后，由于它含有少量铁质，铁质氧化使岩石染成黄色；如果氧化充分，岩石还可以呈现棕红色、紫色等。红、棕、黄、紫各色岩石经过艺术家的修饰，巧妙地叠垒起来，衬以绿树芳草，如画美景就跃然眼前了。在扬州个园，由石涛设计堆砌的"四时山景"中的秋山一景，就是用黄石叠成的。黄棕色的奇异假山，衬上几树红枫，即勾画出"万山红遍，层林尽染"的秋景来。

石英砂岩的产地很多。江南园林中多采用泥盆纪"五通组"的石英砂岩。这在长江中下游随处可找到，就地取材，既经济，又美观。北方的石英砂岩也很多，也可就地取材。

3. 宣石。宣石在地质学上称作脉石英，质地坚硬，白如宣纸，所以叫做宣石，又叫白石或雪石。扬州个园内"四时山景"中的冬景，就是用宣石砌成。白色的假山，象征着"千里冰封，万里雪飘"的冬景。

脉石英的化学成分为二氧化硅（SiO_2），矿物成分为石英。它是由地壳深处的含硅热液，随着地壳运动沿着裂隙上升冷却结晶形成的。

4. 板岩和千枚岩。这是一种盆景石料。在盛满清水的花盆里，用板岩或

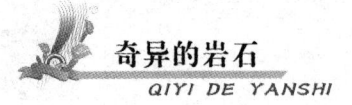

千枚岩做成假山，山上植以青松、藤蔓、山水倒影，交相辉映，既有漓江风景之妙，又得黄山云海之秀，真是美不胜收。

有的园林，用板岩或千枚岩做假山造型也很优美。特别是在具有"小桥、流水、人家"的园林一角，沿岸用板岩和千枚岩造成假山，就会取得以假乱真的效果。

板岩和千枚岩都是变质岩，这是由黏土岩或页岩类的岩石经区域变质作用形成的。所以，板岩和千枚岩比较坚硬，成板状，板面上有许多云母小片，发出耀眼的丝绢光泽，颜色浅灰、深灰、灰紫等，色泽很像皎洁的月色下的夜景或破晓的晨光。

板岩和千枚岩在我国分布广、产量多，五台山、大别山、泰山、秦岭、湘西、赣北、皖南、辽东半岛、吉林等地都易采到。

在叠石造山的园林建设中，有不少地区因地制宜，就地取材，选取了各种火山岩当假山石。那些灰色、紫色、黑色的、有许多大大小小气孔的火山岩及气孔中充填了硅质而形成的杏仁石，都是很好的假山石。

洞穴的奥秘

洞穴是大自然创造的美丽而奇妙的景观，它既是一种宝贵的自然资源，又是重要的科学研究对象。就洞穴的成因来说，有流水冲刷岩石而成的；有火山熔岩形成的；有石灰岩、白云岩、石膏等可溶性岩石经水溶蚀而成的。但是绝大多数洞穴是石灰岩类的岩溶洞穴。

我国是一个多洞穴的国家，许多洞穴已开发利用，最近又陆续发现和开发不少岩溶溶洞，如江苏宜兴的张公洞、善卷洞、灵谷洞；浙江相庐瑶琳仙境和建德栖洞；江西彭泽龙宫洞，广昌的龙凤岩；福建将乐的玉华洞；四川兴文石林及其洞穴；通江的大岩洞等，它们大部分都是石灰岩溶洞洞穴。

有的洞穴中生长着光彩夺目、晶莹剔透的矿物、石钟乳和石笋，千姿百态，变化万千，像人像物，似龙似凤，似田园诗画，伴以潺潺水声，游览其间，好像跻身于神仙美境。

有的洞穴中埋藏着人类祖先的遗骨和遗物。如我国的北京猿人、马坝人、柳江人、山顶洞人和甑皮岩人等人类化石，都是从岩溶洞穴内发现的。某些洞穴内还保存有人类最早的文化艺术作品——完整的洞穴壁画、浅浮雕、雕刻。所以洞穴也是古人类学、古生物学和考古学研究的主要对象。

洞穴沉积物的生长速度测定，是地质工作者或洞穴工作者研究的内容之一。石灰岩岩溶洞穴内，生长着绚丽多姿的石钟乳和石笋，它们现在正以缓慢的不易察觉的速度生长着。比如每一千年石钟乳增长 2～20 厘米，这个速度在地质历史上是很惊人的。石钟乳，石笋等洞穴沉积物的生长速度是如何测定的呢？目前主要采用历史的方法和同位素年龄测定的方法计算。

历史的方法：从某一历史事件到现在，有关的沉积物生长的长度或厚度除以时间，就是沉积物的生长速度。举例说明如下：桂林七星岩公园龙隐洞壁上有一块石刻，是宋朝张敏中、张定叟等 13 人的题名，距今约 800 余年了。在石刻的石面上垂下一个 1.6 米长的石钟乳，用 800 年除以 1.6 米计算，石钟乳的生长速度是 2 毫米/年。再如，1852 年太平军到达桂林时建的一堵墙，距今已有 132 年了，有一处墙上，由洞穴顶上滴下含碳酸钙的水溶液，在墙上凝结成为石灰华，最厚处达 0.5 米，由此可见，石灰华的生长速度为 3.8 毫米/年。

在同位素年龄测定方法中，一般采用碳 14 法来测定洞穴沉积物的生长速度。从洞穴滴水中析出的含碳 14 的碳酸钙沉积物，从它结晶之后，便停止与外界的同位素交换，放射性碳 14 即按指数规律减少。因此只要测出样品中的碳 14 残余含量，利用碳 14 的半衰期是 5730rh，就能计算出该沉积物的碳 14 年龄。据计算，桂林市南郊甑皮岩洞穴内的石钟乳、石笋和石灰华的生长速度分别为 0.011 毫米/年、0.05 毫米/年、0.133 毫米/年。

妙趣横生的穴珠

在广西和贵州的许多石灰岩岩溶洞穴里，有一种洞穴沉积珍品——穴珠。穴珠呈球体或椭球体，直径大小为 0.2～3 厘米。表面略呈棘皮状，又称"洞穴珍珠"、"石弹"，"石球"和"石莲子"。

如果我们将一个穴珠剖开成两半，那么在切面上就可以看到，它的中心为珠核，由不规则的石灰岩或黏土质碎屑组成，一般大小为 0.2～0.7 厘米，从珠核向外，由数圈到数十圈同心圆组成，内圈为不太规则的多边形，向外渐渐变得浑圆。

洞穴奇景——穴珠

穴珠的主要化学成分是碳酸钙，含少量的白云石和泥质。属于一种次生的碳酸盐沉积结核，是溶洞形成以后生成的。

据研究，穴珠形成的条件有三个：其一是在石灰岩洞穴中，要有具吸附能力的珠核。这种珠核的成分可以是石灰岩、白云岩，也可以是钙质黏土。穴珠的同心圆层可以围绕它生长。第二，是洞壁上有溶解重碳酸钙的水滴向下滴。当水滴滴在珠核上时，珠核吸附钙离子，形成胶体薄膜，分布在珠核外围，形成了同心圆构造。后来，在成岩阶段，胶体薄膜失去水分，结晶成细小的方解石晶体。第三，是具有一定的水动力环境，核珠在接受洞壁上滴下来的水滴时，能使珠核转动。地下河水的涨与退，也能使穴珠转动，这样就可形成球状的穴珠了。否则，就会形成石笋、石灰柱一类与洞底相连接的沉积物，而不能成为球状。

穴珠有两种类型，一种是与地下河有水力联系的，称为新鲜穴珠，这种穴珠质地坚硬，表面光滑，球度高，具有明显的同心圆带，其下有流动的岩溶地下河。所以，利用穴珠可以寻找地下水。另一种穴珠则是与古地下河有关的产物，称为风化穴珠。多呈风化或半风化状态，质地疏松，同心圆带不清楚。

龙门石窟与石灰岩性质

我们伟大的祖国历史悠久，文化发达。石碑、石刻、壁画等文物保存了我国古代的艺术。龙门石窟、敦煌石窟、云冈石窟等已成为古代艺术的宝殿。石窟内的古代艺术能够保存到今天，是与构成石窟的岩石性质和它所处的地质环境有关的。

云冈石窟

龙门石窟位于洛阳城南 13 千米，这里龙门山与香山对峙，伊水中流，形成一条长约 1 千米的南北向峡谷，峡谷两岸为石窟所在地。现存的 2100 多个窟龛及 10 余万躯雕像，几乎全部凿在峡谷西岸龙门山东侧的岩壁上，这个岩壁被称为"千佛岩"。

龙门石窟开始刻凿的时间约在北魏太和十七年（公元 494 年），距今将近 1500 年。从窟龛的分布、雕像的配置及佛塔、碑刻等现存情况看，当时人们已有相当的岩石知识和地质知识了，其表现如下：

龙门石窟

第一，石窟选在厚层状的石灰岩和白云岩岩壁上。岩壁由厚层状灰色白云岩、白云质石灰岩以及薄层状、页片状的白云质灰岩和泥灰岩组成，岩石倾角平缓，产状稳定。断续分布约 1 千米长的石窟，主要集中在岩壁南端和北端。南端在万佛洞

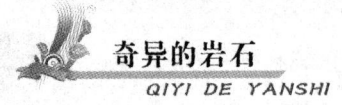

至奉先寺一带，长约 300 多米；北端在宾阳洞一带，长约 200 余米。此二处窟龛密布，宛如蜂房，但中间数百米，虽然位置适中，景色秀丽，却很少开凿石窟，原因就在于两端的白云岩是巨厚层的，而且节理少；而中间则为岩性不均一的薄层或页状白云质灰岩及泥灰岩，易于破碎和风化。

第二，凡是精雕细刻的造像，窟龛的位置都凿在致密、坚固的白云岩上。例如万佛洞就开凿在厚达 7 米，结构致密的白云岩岩层内。洞内的如来佛、菩萨、观音及其仪仗等，雕琢精细，造型优美，仅洞内两侧约 80 平方米内就雕琢了 1500 多座 7~8 厘米高的佛像。含泥质的石灰岩（泥灰岩）和页岩容易风化，而质纯的石灰岩和白云岩，抗风化能力强。因此雕像都雕在白云岩上。

第三，窟龛的展布情况受岩层的延伸情况所控制。千佛岩为北东向的岩壁，而岩层倾向北西，有些典型地段，窟龛层层叠叠，错落有致，并且每个窟龛就在同一个岩层内。窟龛内的主要雕像也在一个岩层内。

第四，大型石窟的施工避开了节理和岩层层面。在龙门石窟中规模最宏伟壮丽的奉先寺，有一组大致南倾的节理，而雕刻身高 17.14 米的大卢舍那佛主像，和其他高度在 10 米左右的雕像，都避开了节理。

由此可以看出：由于我们的祖先在开凿龙门石窟时，对岩石及其性质作了深入地了解，在选取佛像雕刻的位置和选用岩石上都作了周密的考虑，才给子孙后代留下这举世闻名的胜迹。但是，大自然的风化作用正在沿着层理进行，有的石像面部已产生了较深的风化痕迹。

节 理

节理是地壳上部岩石中最广泛发育的一种断裂构造，指岩石中的裂隙，其两侧岩石没有明显的位移。通常，受风化作用后易于识别，在石灰岩地区，节理和水溶作用形成喀斯特。按成因，节理可分为：（1）原生节理，成岩过程中形成，如沉积岩中因缩水而造成的泥裂或火成岩冷却收缩而成的柱状节理。（2）构造节理，由构造变形而成。（3）非构造节理，由外动力作用形成的，如风化作用、山崩或地滑等引起的节理，常局限于地表浅处。

花岗岩形成的奇特地貌

花岗岩的形成

花岗岩是大陆地壳上分布最广的岩石之一。它有时成巨大的岩体出现。如我国个旧的一个花岗岩体出露面积达几万平方千米；有时大大小小的岩体沿一定方向排列，成岩带出现。如我国东南沿海和东北兴安岭、长白山一带，花岗岩成群出露，其总面积达数万平方千米；有的花岗岩体只在地面上露出个头，而大部分还深深地埋藏在地下。

由于地质构造运动，一些花岗岩体被抬升上来，其中有些花岗岩体构成了巨大的山系，再经断裂破坏，流水的切割等大自然的雕琢，使花岗岩形成了陡崖峭壁，奇特的地貌。

花岗岩是怎样形成的呢？目前众说纷纭。早在20世纪初期，一般都认为花岗岩是地下深处的玄武岩浆分异而成的，即地壳深处有一个全球性的岩浆层，成分相当于玄武岩。当岩浆受挤压向上侵入的时候，随着温度的降低而结晶。最先结晶的是暗色的辉长岩，然后，闪长岩和花岗岩依次结晶。这种学说称为一元论。后来发现这个理论与一些地质现象相矛盾，于是又提出了多元论，认为地壳深处存在着多种岩浆，如玄武岩浆、花岗岩浆等，花岗岩由花岗岩浆冷凝结晶而成。随着科学的发展，又有人认为花岗岩是地壳岩石经过花岗岩化变质形成的，这个观点已得到了越来越多的支持。

华山天下险

在陕西省中部，渭河平原之上，华阴县境内的白云深处，一峰挺立，直插云霄，危崖绝壁，峡谷深邃。这座雄伟壮丽的大山，就是举世闻名的华山。

自古道"峨眉天下秀，华山天下险"。唐代诗人杜甫在《望岳》中写道："西岳峻嶒竦处尊，诸峰罗立似儿孙。安得仙人九节杖，拄到玉女洗头盆。"诗中"峻嶒竦处尊"既道出了华山陡峻峭险的可畏，又说出了攀登的困难，只有得到"仙人九节杖"，才能拄到"玉女洗头盆"的玉女峰。

华山顶峰由西峰、南峰、中峰和东峰组合而成。山上奇峰林立，峰峦高

以险著称的华山

耸，悬崖峭壁，孤峰脊岭，山势挺拔险峻，构成了"沉香子斧劈石"、"玉女洗头盆"、"二十八宿潭"和"回心石"等八十处名胜古迹。诗人李白在他的《西岳山台歌》中写道："西岳峥嵘何壮哉，黄河如丝天际来。""巨灵咆哮擘两山，洪波喷流射东海。三峰却立如欲摧，翠崖丹谷高掌开。"不但描绘了华山的险峻峥嵘，而且还引出了令人深思的"巨灵咆哮擘两山"的故事来。

《水经注》写道："河神巨灵，手荡脚踏，开而为两。今掌足之遗址仍存华岩。"故事是说，原来中条山和华山是连在一起的，是河神脚踏中条山，手荡华山，分开石山，让黄河从中流过，归入东海。奇妙的是巨灵的掌迹尚留在东峰岩壁上，巨灵的足在西峰顶上和中条山上也有印痕。"巨灵擘两山"的故事是古人一种朴素的想象。那么，华山究竟是怎样形成的呢？我们还是从组成华山的岩石说起。

华山又叫小秦岭，是花岗岩组成的山。它四周的山岭是由古老的变质岩组成。大约距今 7000 万年，在地质时代的白垩纪，地壳发生过强烈运动，随着有花岗岩的侵入，形成华山的花岗岩岩体就是这次侵入形成的一个岩株。岩株是一种岩体，其立体形态像树干，在平面上呈椭圆状。华山岩株东西长

15 千米, 南北宽约 10 千米, 面积约 100 平方千米。后来, 华山几经上升, 而北麓又多次下陷, 这样华山岩体就暴露于地表, 经受水的冲刷和各种各样的风化作用。

华山之险峻, 在岩石方面有三个原因: 第一, 由于花岗岩的岩性十分坚硬, 抵抗物理风化的能力很强; 在化学成分上, 花岗岩是一种含二氧化硅很高的岩石; 在矿物成分上, 主要成分是石英和长石, 黑云母很少, 因此岩石抵抗化学风化的能力也较强。风化作用是欺软怕硬的, 华山周围的片麻岩和片岩, 因不耐风化而早就被夷平了。因此, 由花岗岩组成的华山就在自然界的风雨中傲然屹立。第二, 在花岗岩体上, 常常具有纵横交错的节理, 特别在岩体边缘节理尤其发育, 给风化剥蚀创造了条件。而且, 节理使岩石整块塌落, 形成了突兀的柱状山崖, "千尺幢" 就是大自然沿着节理修凿而成的。第三, 华山的岩体比较年轻, 是华山险峻的另一个原因。地球在 46 亿年的漫长历史中, 有过多次的岩浆活动, 而形成华山花岗岩的岩浆侵入时代, 距今仅约 1 亿年。古老岩石饱经沧桑之变, 而年轻的花岗岩受的变动少, 受风化剥蚀时间短, 因此更坚硬、更耐风化, 形成奇而险的地形。

除此之外, 华山东西两侧河流下切和南北两个断层错动, 使华山形成 "太华之山, 削成四方" 的陡峭、峻险、雄伟的花岗岩地形。

黄山归来不看岳

巍立于皖南的黄山虽不是五岳, 但它的名胜古迹、绮丽风光比五岳实有过之而无不及。它胜过泰山的雄伟、华山的险峻、衡山的烟云、恒山的景色、嵩山的名胜, 风貌独具一格, 有 "震旦国中第一奇山" 之称。那里 "云海"、"奇松"、"怪石"、"温泉" 驰名中外, 合称 "四绝"。

黄山云海

所以自古以来有"黄山归来不看岳"之说。

由花岗岩体构成的黄山风景区有 1200 多平方千米，著名景观有猴子观海、剪刀峰、莲花峰、云涌奇峰等 72 峰。莲花峰海拔 1873 米，是群峰之巅。它与天都峰、光明顶合称三大主峰，位于风景区的中部，登上三峰可以鸟瞰全山。

黄山怪石

组成黄山的大小诸峰，参差错列，峰峦之间峭壁千仞，深渊万丈，沟壑纵横，云海起伏，好像波浪汹涌的海洋。悬崖陡壁上，长满了千古奇松，峰峦之上，石骨嶙峋，隽秀活泼，玲珑奇巧，如人如仙，似鸟似兽；我国明代地理学家徐霞客游览了全国名山胜水后感慨地说："黄山天下无。"

黄山为何这般秀丽呢？从岩石角度看，它是由坚硬的花岗岩组成的。随着地壳构造运动，花岗岩体不断抬升形成了高山。同时，构造运动又使岩石发生断裂、破碎，后经流水、冰川沿裂隙进行切割，就这样形成了悬崖陡壁。风化作用又像技艺精湛的石匠，用神斧仙刀把断裂切割的花岗岩修饰成了各种奇特的形态，此外，在黄山形成过程中，冰川的特殊作用是值得注意的。几十万年以前，地质时期为第四纪的时候，我国是一个冰天雪地的世界。这时的黄山也是冰雪的海洋。在山岳区域，由冰雪形成的河流——冰川在缓慢地流动。它像传送带那样，携带着沿途的石块，而冰川的刨蚀作用，像一把大的开山斧，将黄山铲、刨、刮、磨，雕刻成独特的冰蚀地形。要是你去过黄山的话，也许还记得在天都峰陡峭的山峰下，高高悬挂的簸箕状冰斗吧！它就是冰川在向下流动时，挖刨成

黄山迎客松

的斗状凹坑。远处看去，一个"U"形山谷高挂在半山上，人们称之为冰斗。

黄山脚下，有一处温泉，常年水温为42℃，水质清澈，是天然疗养胜地，黄山宾馆就建在这里。这是一个重碳酸盐型的温泉，泉水来自花岗岩体与砂岩的接触带和断裂破碎带。温泉的形成与深部的花岗岩体有关。

黄山温泉

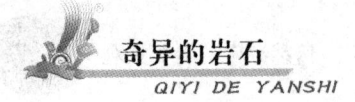

狼山风火轮

狼山在内蒙自治区西北部，山上风光绮丽，引人遐想。传说当年美猴王孙悟空大闹天宫时，和哪吒三太子在空中鏖战，孙悟空从耳朵里取出金箍棒，三晃两晃变成碗口粗的铁棒，手起棒落，打在哪吒身上。哪吒三太子口喊饶命，脚踏风火轮，转身就跑。急忙中将一只风火轮落在狼山上，而今山上立着一块圆盘状石头就是那个风火轮的化身。风火轮燃烧时的熊熊大火，照耀狼山，昼夜通明，而今在岩石上还留下了"火星儿"。

这风火轮是怎么回事呢？的确，在狼山上立着一块圆盘状的大石头，形状很像石碾或石轮子，当地人称为"风火轮"。由于这块奇石，人们编造了这个神话。但在地质工作者看来，这石并不奇，它是一块普通的花岗岩，只是花岗岩上节理比较发育，纵横交错把岩石切割成板状。而且，这里的气候特点多风，一年中，小风不断，大风常见，年平均风速在 3 米/秒以上，飞沙走石，风夹带着沙子、砾石，吹打在岩石上面，久而久之，岩石被风化、剥蚀成板状的花岗岩块。经长期风化剥蚀后，就形成了形状奇特的摇摆石——风火轮。

那么，岩石上的火星又是怎么回事呢？仔细看去，那落在风火轮上的火星是结晶比较粗大的钾长石，呈肉红色，均匀嵌布在花岗岩中，人们形象地说它是点点火星。

东山岛风动石

福建省东山岛是地处东海和南海之间的大陆岛，滔滔的海浪和海滨的风动石、东门塔屿、虎崆滴玉、石僧拜塔……构成风景优美的胜迹。其中，坐落在东山城关东门外海滨的风动石最为引人注目。风动石高 3 米多，宽 1 米多，重约 40 吨，像一个巨大的石桃屹立在濒临海岸的石盘上。风动石上小下大，底部呈圆弧形，与石盘相贴处只有几寸，半坐半悬，摇摇欲坠。每当狂风吹来，它就像不倒翁那样摇摇晃晃，由此得名风动石。如果有人仰卧在石盘上，翘起双脚蹬推时，风动石就摇晃起来。人们站在海滩上仰望，只见石身晃动，好像要倾倒下来，古人称这块风动石为"天下第一奇石"。

多少年来，到这里来欣赏海滨风光、奇石胜景的人络绎不断。历代文人题诗赋词，留下了许多诗词和石刻。风动石成为东山岛名胜八景之一，现作为文物加以保护。

风动石上小下大，重心较低，在一般情况下摇晃，其重心始终都在与石盘的接触面上，就像桌子上放的不倒翁一样，只见摇晃不会倒

风动石

下来。当然，一旦推动力使它的重心的垂线脱离石盘时，风动石就会倒下来，而且永远不再摇晃了。

风动石是由花岗岩组成的。原来花岗岩上节理发育，纵横交错，海浪和雨水沿着岩石节理侵蚀而脱落。没有节理的部分又特别抗风化，形成了有趣的地貌和奇形怪状的石头。

玄武岩形成的奇特地貌

玄武岩浅说

1943 年 2 月，人们亲眼看见墨西哥的帕里库廷火山，在短短的一周内，在一片玉米地上堆起了 100 多米高的山峰，这是多么难得、多么壮丽的火山景象啊！

玄武岩是一种火山喷出岩。它颜色暗黑，有时呈紫或带绿的颜色，常常有气孔。如果气孔中充填有玛瑙和方解石等浅色矿物，宛如杏仁，称为杏仁状构造。玄武岩的比重为 3，比一般岩石要重一些，这是由于在化学成分中含铁质较多的缘故。其矿物结晶比较细小，要在偏光显微镜下才能分辨出来。它由斜长石、辉石、橄榄石和少量的磁铁矿组成。从化学成分来说，含二氧化硅（SiO_2）45% ~ 52% 的岩石属于基性岩类。此外，玄武岩还含有较多的二氧化铝（Al_2O_3）、二氧化二铁（Fe_2O_3）、氧化铁（FeO）、氧化镁（MgO），

以及较少的氧化钙（CaO）、氧化纳（Na_2O）、氧化钾（K_2O）等化合物。

玄武岩这个名字的来历有种种说法。一是说，"玄武"一词是从日文引入的。日本兵库县但马地方有个玄武洞，因由玄武岩组成而得名；一是说西语玄武岩来源于埃塞俄比亚语，为黑色大理岩的意思。我国古代的"玄武"一词是指神龟，即"玄武者古之神龟也"。原来乌龟的龟壳上有13块六角形的块组成。而玄武岩在岩浆冷凝时，由于体积收缩，往往在垂直方向上成六方柱状裂开，地质学上称为柱状节理，在平面上看，很像乌龟壳的形状，因此，把这种岩石称为玄武岩。

20世纪60年代以来，玄武岩引起地质学家浓厚兴趣，其原因在于：

第一，玄武岩分布十分广泛，在陆地上的分布面积可超过一个欧洲大国——法国，它广泛分布于太平洋沿岸的堪察加、日本、印尼、新西兰和阿拉斯加，我国黑龙江省的五大连池、海南岛的雷虎岭、安徽省明光市的女山、四川的峨眉山、云贵高原和河北省张家口附近的汉诺坝等地。在占地球表面积70%的海洋底部，几乎全由玄武岩组成。海底的玄武岩来自大洋中脊大裂谷，几十万千米长的裂谷中不断喷出玄武岩，新喷出的玄武岩把先前的玄武岩向裂谷两侧推移，这种推陈出新的喷出，使得主张板块构造学说的学者特别感兴趣。

第二，最近发现，越来越多的矿产资源与玄武岩有关。例如自然铜、冰洲石、大型铁矿和黄铁矿型的铜矿都与海底喷发的玄武岩（细碧岩）有关。玄武岩本身就是很好的铸石材料，把玄武岩重熔之后，倒在模具里，铸成各种产品，它具有耐酸、抗腐蚀等性能。用玄武岩抽成丝编织成布，比普通玻璃丝耐火度高，抗碱性好。

第三，玄武岩浆来自300千米以下的上地幔，沿途还把上地幔的二辉橄榄岩夹带到地壳上来，这就是地质学所说的"玄武岩筒包裹物"。因此，对玄武岩及其包裹物的研究，可以了解上地幔的物质成分。从1959年国际地球物理年以来，掀起了研究玄武岩筒中的包裹物的热潮。

第四，玄武岩具有一种绝妙的景色。那就是柱状节理和枕状构造所造成的地貌景观。柱状节理是玄武岩浆冷凝时体积收缩产生的一种裂开，这种裂开常常垂直岩层面，呈六边形、正方形、菱形，柱高可达数米或十多米，景色蔚为壮观。苏格兰的神仙台阶就是玄武岩的柱状节理景观，它位于北爱尔兰北部海岸边的一个大峡谷内，离水面约 100 米高处，有很多呈灰色、古铜色的奇怪而整齐的多角石柱，堆砌成一个个小山。

海底喷发形成的玄武岩，形成一个一个的枕头状的岩块，叠堆起来形成另一种地貌景观，地质学上称作枕状构造。

张家口附近的汉诺坝和贵州梵净山的玄武岩都有很好的枕状构造。

海底的奥秘

20 世纪 20 年代，海洋研究发展到利用回声测深技术探测海底地形。所谓回声测深技术，就是从船上向海底发出声波，通过仪器测量从海底反射回来声波所需要的时间，再乘上声波的速度，就可以测定海底离海面的距离。通过测量发现，大西洋、太平洋和印度洋等海底地形是此起彼伏，崎岖不平的。海底山脉蜿蜒连绵称为海岭，海沟深切海底，海岭和海沟有规律地组合，呈长条状平行排列。在山脉中以中央海岭的规模最大。海岭、洋中脊，甚至海沟几乎全由玄武岩组成。利用深海钻探取得的玄武岩标本，经过放射性绝对年龄测定，中央海岭的玄武岩年纪最轻，两侧玄武岩的年龄较老，越往外的玄武岩年龄越老，最高达 2 亿～3 亿年。通过海底照相还发现，年轻的海岭和洋中脊的中部，好像有被拉开的痕迹。如此看来，海岭与陆地上的大山脉有着明显的不同。最近几年来，还发现了中央海岭顶部有着相当大的热流，那里还是地震经常发生的地区。

那么，中央海岭是怎样形成的呢？上边这些现象又怎样解释呢？科学家们经过深入地调查研究认为，中央海岭是地幔软流层物质流出地壳的出口，中央海岭由地幔上升上来的玄武岩组成。由于地幔物质不断从中央海岭挤压，所以，新的海底地壳不断地从这里产生。每当新的玄武岩从海岭破裂带喷出后，原先的玄武岩就向海岭两侧推移，每年推移的距离可达几厘米。譬如，从太平洋海岭喷出的玄武岩大约经过 1 亿多年的移动，就可到达日本和菲律宾的海沟附近，又从海沟那里重新卷入地球的深处。就这样，整个海底的玄武岩都在进行"新陈代谢"。这个事实正是海底扩张学说的证据。

20 世纪 60 年代，板块构造学说逐渐兴起，它有力地支持了海底扩张学说。因此，海底玄武岩的形成及分布情况都是板块学派所关注的问题。

板块学说认为，地球表层的岩石圈不是一个整块，而是由几个不连续的，厚度约为 100 千米的小块镶嵌而成的，这些小块就称为"板块"。板块与板块之间由缝合线彼此连接。最初，人们把全球分为六大板块，即亚欧板块、非洲板块、美洲板块、太平洋板块、南极洲板块和印度洋板块。后来，有的人又从中分出许多小板块，如中国板块、土耳其板块等。每个大板块都由几个小板块组成，但各家划分意见不一，尚待进一步研究。

中央海岭是相邻板块接触的地方，相当于两个板块之间的缝合线，是地壳上的大裂隙。地幔物质——玄武岩浆沿着裂隙喷出来，不断地冷凝，逐渐形成巨厚的玄武岩层。所以，地质学家都承认玄武岩是组成大洋壳的基本物质。

五大连池奇观

被誉为火山地质物馆的五大连池火山群，位于黑龙江省德都县城 20 千米，这里已成为火山游览胜地和利用矿泉水治病的疗养场所。

五大连池火山群以 14 座拔地而起的火山锥组成。这是距今 69 万年、第四纪更新世以来玄武岩浆的喷溢物。位居火山群中部的老黑山和火烧山是我

五大连池

国最新的火山之一，于 1719—1721 年间爆发。清人西清在《黑龙江外记》中写道："一日地中忽出火，石块飞腾，声撼四野，越数十三火熄，其地遂成池沼。"

火山群和玄武岩流分布的范围约 800 平方千米。火山锥高低不一，高度在 65～160 米之间，火山口的形状多式多样：有漏斗状、盆状、圈椅状的，它们的豁口就是当年玄武岩浆流出的地方，14 座火山锥分两排，大致成井字形分布，俨若棋盘上的棋子。这种分布格局表明，火山受到深部断裂的控制，北东方向的断裂与北西方向的断裂交汇点就是火山锥分布的地方。

蔚为壮观的熔岩地貌最为引人注目。科学工作者告诉我们：火山爆发时，有大量液态的高温熔融物质喷发出来，这种喷出物被称为熔岩流，它的温度一般为 750℃～850℃，表层温度更高一些，可达 1000℃～1200℃，这是由于表面与空气接触，发生强烈氧化的缘故。在岩浆中，玄武岩流的黏度是最小的，它的流动速度最快，每小时可达十几米到几十米。从老黑山和火烧山喷出来的熔岩流以每小时几十米的速度向四周流去，当流入火山附近的白河时，就堵塞了河流的去道，因此在不到 5 千米的白河河道上，筑起五道熔岩堤坝，把河流堵塞成五个湖泊，称为火山堰塞湖，五大连池因此而得名。

五个有水道相连的弯月形火山堰塞湖，好似五颗明珠成串地镶嵌在火山锥之间，风景格外秀丽。熔岩流在陆上向南延伸 10 多千米，宛如黑色的巨龙躺在地上，人们称它为"石龙"。石龙熔岩姿态万千，造型优美。有的像山洪暴发形成的瀑布，称为熔岩瀑布；有的像爬虫伸足，似象鼻吸水；有的像一根根绳子称绳状构造；有的像大海的波涛，像河里放运的木排，有的像石熊、有的像猛虎等，不一而足。

由于熔岩流的温度急速下降，当表层固结后，内部气体夹带着液态熔岩从裂隙向外喷出，就形成了环状的、喇叭花状的喷气穴。气液多次喷出的饼状熔岩迭加起来形成喷气锥。

在五大连池的火山喷发物中，各种各样的火山弹尤为引人注目。有球状、椭圆状、梨状、纺锤状、蛇形和麻花状的等等，火山弹形色多样，为别处所罕见。

峨眉天下秀

峨眉山屹立在我国四川的西南部，山势雄伟，气势磅礴。因其山脉绵亘曲折，千岩万壑，溪流绿树，秀丽清雅，流云瀑布，景色万千，故有"峨眉天下秀"之说。峨眉山是我国四大佛教名山之一。唐代大诗人李白赞美峨眉山："蜀国多仙山，峨眉貌难匹。"

峨眉山

峨眉山是大峨山、二峨山和四峨山的总称。主峰万佛顶海拔3099 米，金顶海拔3077 米，高出峨眉平原达 2500 多米，有"峨眉高出西极天"之说。金顶舍身岩垂直高差 600 多米，悬崖峭壁，高峻雄伟。山上沟谷发育，谷地狭窄，纵深多跌水。山体由花岗岩、石灰岩、变质岩组成。顶部有大面积的玄武岩覆盖，称为"峨眉山玄武岩"。

我国的"峨眉山玄武岩"是在距今 2.4 亿年、地质时代二叠纪时喷发的，广泛分布于我国西南的川、滇、黔几省，分布面积达 40 多万平方千米，厚度在 400～1000 米。在有文字记载以来，洪水泛滥恐怕也没有这么大面积。传说尧舜时代，夏禹治水时的洪水泛滥也许能和它相比。二叠纪峨眉山玄武岩为什么会有这样大的面积和厚度呢？这是因为西南一带在二叠纪发生了强烈的地壳运动，产生了无数条大断裂，玄武岩浆沿着这些深大断裂多次喷发的结果。

峨眉山的主峰金顶，独立在群峰之上。登上金顶，放眼四周，峨眉平原和峨眉诸峰尽收眼底。那里峭壁陡峻，在云雾中可以回光返照，取名叫摄身岩。金

峨眉山万佛顶

顶和它西面 100 多千米的瓦屋山都是玄武岩平台，有同样的高度，遥遥相望。这些平台是玄武岩浆当时流动的层面，险峻的绝壁是由玄武岩的垂直节理造成的。在漫长的地质年代里，山体经过风化剥蚀，特别自第四纪以来，峨眉山经历了四次冰期，冰川和流水沿着直立的节理缝不断地雕塑装饰，才成为今日的奇绝峰峦。

峨眉山金顶

基性岩

基性岩是火成岩的一类。二氧化硅含量低（小于 45%），铁、镁质含量高，以不含石英为特征。深灰黑色，比重较大。主要由橄榄石、辉石，以及它们的蚀变产物，如蛇纹石、滑石、绿泥石等组成。代表性岩石有纯橄榄岩、橄榄岩、辉石岩和金伯利岩、苦橄岩等。自然界以镁质超基性岩居多。

变质岩形成的瑰丽奇景

变质岩

物质发生变质的现象，到处都可以见到。例如，用炉火烤馒头，馒头可以烤成焦黑，此时碳水化合物失去了水分和二氧化碳，全部变成炭质。馒头由于温度的增高而发生了变质。岩石也是这样，在一定高温高压下，和化学性质活泼的组分如水和各种酸作用，也会发生变质。只不过它变化得比较缓慢，而且在地下比较深的部位进行罢了。

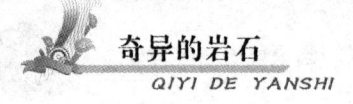

变质岩是已经形成的岩浆岩、沉积岩，在地壳运动、岩浆活动的影响下，受到高温高压以及热液和气体的作用，使原来岩石的矿物成分、结构和构造发生改变，生成的一种新的岩石。

岩石在高温的作用下，有些矿物成分可以重新结晶，有些矿物成分彼此间发生化学反应，从而产生新的矿物。岩石在高压的作用下，可以产生体积较小，比重较大的新矿物，同时，又可以使一些岩石中的矿物定向排列，从而使岩石具有板状构造、片理构造等。

常见的变质岩有：由石灰岩变质形成的大理岩，砂岩变质而成的石英岩，泥质岩变质形成的板岩、千枚岩、片岩和片麻岩等等。岩石在变质过程中，有些矿物发生相对富集，可以形成具有工业价值的矿床，例如我国的鞍山式铁矿，就是由含铁石英岩经变质作用后形成的大型铁矿。

泰山与泰山杂岩

东岳泰山坐落于山东省泰安县内，长约 200 千米，山势雄伟突兀，山内怪石古松，巉岩瀑布，令人观止。著名的古迹有岱庙、碧霞祠、五人松等，其中以玉皇顶观日出最为壮丽。秦始皇于公元前 219 年曾到此封禅。历代帝王奉泰山为神明，修宫膜拜。

泰山上下，石刻漫山遍谷，有"天然的书法展览"之称。泰山石刻有楷、隶、草、篆四种字体书写的碑文、经文、诗词和题词，内容丰富、形式多样。石刻多集中在岱庙、岱顶大观峰和泰山东路沿途。岱庙石碑如林，有"石刻之城"之称。其中，秦朝李斯小篆石刻，距今已有 2180 多年，是我国最古老的石刻。2000 多年来几经沧桑变化，剥蚀至今还剩下九个半字。"望岳碑"以流利的草书，刻记了诗人杜甫的名句"会当凌绝顶，一览众山小"。宋宣和碑高 9.25 米，宽 2.1 米，其下的鱼雕碑座达 7 立方米，重 4 万多千克，为岱庙巨碑之最。

泰山东路两旁的石刻中，经石峪北齐人所书的《金刚文》，书法遒劲有力，隶书字大 50 厘米，向来以我国书法"大字鼻祖，榜书之宗"著称。经文经历了 1400 多年风化剥蚀，至今尚存 1043 个字。

岱顶大观峰一带岩石陡如刀削，岩壁上各种题字、石刻密集。其中，唐摩崖碑刻闻名中外。

泰 山

　　泰山石刻虽经千百年，但至今基本保持原貌，这是与泰山的岩石性质有关的。泰山是由什么岩石构成的呢？这里的岩石全部是古老的泰山群花岗岩，也就是花岗混合岩。这种岩石已有近 25 亿年的历史，石刻绝大多数是刻在这种致密坚硬的岩石上。

　　当你登上泰山，饱览雄伟而秀丽的景色之后，仔细看看脚下的岩石，可以发现：这儿的石头常常点缀着各种美丽的花纹。有的像一幅山水画；有的像一群翩翩起舞的仙女；有的像一位驼背的老叟，白面红髯，头戴斗笠，身披蓑衣，静坐垂钓。还有的像南天门朝圣的文武百官。这种神奇的图案，不胜枚举。这些泰山混合岩是怎样形成的呢？泰山地区是古代海槽的一部分，堆积了一套泥砂质和基性火山物质的巨厚地层，这就是泰山岩石的原来的组分。在地壳强烈运动的影响下，地层褶皱隆起，岩浆大规模侵入，大量温度高、活动性大的流体物质，沿着裂隙贯入或渗透到岩石中去，并与岩石发生强烈的交代作用。流体物质不断地从岩石中溶解和带走一些铁镁物质，同时又送来一些硅、钾、钠。在交代作用进行得不完全、不彻底的情况下，原岩的残留体与流体物质就形成黑白相间的条带。这些条带宽窄不一，时而平直、

泰山摩崖石刻

时而弯曲，形态各异，有的像肠状；有的像飘带；有的像眼球；有的像云雾。岩石学上将这种岩石称作混合岩。

混合岩是一种变质程度很高的岩石，在我国分布很广。大多数古老的岩石都是混合岩。泰山的混合岩又叫泰山杂岩。泰山杂岩是在距今 24 亿年前的元古代形成的，而泰山现在的基本轮廓是在距今 3000 万年的新生代中期形成的。过去人们常把泰山和泰山杂岩的形成时间混为一谈，这是不对的。先有泰山杂岩，后有东岳泰山的说法才是科学的。

达摩面壁影石

在嵩山五乳峰下的小山丘上，有一个岩洞，称为"达摩面壁洞"，又称"面壁庵"。明朝万历三十三年（公元 161 年）《初祖庵创造凉殿牌坊无量功德碑》，认为"此初祖庵者，我初祖面壁地也"。初祖庵三面临壑，背连五乳峰，自然景色幽雅秀丽。温如璋在《初祖庵》诗中赞道："晓登初祖庵，步入青山顶。草露浥轻裳，人天分异境。"

初祖庵

从初祖庵后边，沿山径北登五乳峰，有一座明万历三十二年（公元 160 年）建造的石牌坊。牌坊后面数米即为人们传说的达摩九年面壁洞。达摩洞临崖开凿，洞深 6 米多，门内有石像 4 尊，当为达摩和他的弟子。相传，在印度的达摩大师入嵩山修道之前，这里已有一个由神龙穿凿盘踞造成的石洞，达摩面壁入座此洞时，火龙自洞内裂隙逃走。洞内的波纹石是龙行走的遗迹，并说洞西有"养龙崖"。这是人们根据自然岩石的形状，为渲染达摩的道行高深编造出来的故事。达摩面壁 9 年，他坐禅时面对的那块石头上，留下了他面壁姿态的形象，面部表情和衣褶皱纹隐约可见，宛如一幅淡色的水墨画像，人们把这块石头称为"达摩面壁影石"。

达摩面壁达 9 年之长，成为佛教史上的奇迹和美谈。清道光年间，有人看完此石之后挥笔写下了《面壁石赞》，"少林一块石，都道是个人，分明是个人，分明是个石，石何石？面壁石。人何人？面壁佛。王孙面壁 9 年经，

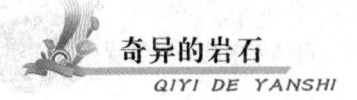

九年面壁祖成佛。祖佛成，空全身，全身精入石，灵石肖全影，少林万古统宗门。"

达摩面壁石上的影像真的是达摩面壁 9 年"精入灵石"吗？不是，所谓面壁石是一块白色的石英岩，其中含有氧化锰等元素，经风化后呈现黑褐色的斑点和纹理，由于氧化锰分布不均，在石壁上巧妙地构成了好像"达摩坐禅"姿势的轮廓。

启母石

嵩山是灿烂的"文物之乡"。这里有雄伟壮丽的中岳庙，有闻名中外的少林寺，有我国现存最古老的阙——太室阙、少室阙和启母阙，通称为嵩山"汉三阙"，是珍贵的汉代庙阙。

启母石

崇福宫东，矗立一块巨石，数里以外就可以望到。相传，这是夏后启母的化石，所以称"启母石"。

关于启母石有一个的传说：远古时候，洪水横流，民不聊生，大禹继承父业，受命治水。在开凿嵩山辍辕关、引洪归道时，大禹治水心切，日夜不离工地，当他要吃饭的时候，就击鼓，他的妻子涂山氏听到鼓声就送饭来。平时禹凿石时，为了增大力气，他化作熊。有一天，一块飞石将鼓打响，涂山氏以为禹要吃饭，便赶忙送来饭菜。见大禹是只熊，羞愧不已，于是回家化作巨石了。到吃饭的时候，禹击鼓，涂山氏不再送饭了。大禹回到家里，见妻子已经化作石。当时的涂山氏已经怀孕，儿子的名字叫启，大禹向妻子要儿子，于是巨石的北方破了一个大口，启由此石中诞生，所以称作"启母石"。石头北边的裂开口可容数 10 人。启母石曾惊动了许多帝王，周穆王、汉武帝、唐高宗、武则天……都进过启母室。古今中外来这里旅游的名人更是不计其数。汉武帝见启母石，就命令在启母石南面修建一座启母庙；唐高宗游览中岳时，曾敕令重修启母庙，并且命令崔融作碑铭。

启母石的传说虽然十分神奇，但实际上却是一块非常普通的石英岩转石，只是石块很巨大。这巨大的石英岩块原来是嵩山上的岩石，由于地壳运动，岩石上产生了裂隙，岩石不断遭受日晒雨淋、风化剥蚀，裂隙越来越大，巨石终于在重力作用和风化作用的"帮助"下，从山上滚下来，矗立在崇福宫的东面。由于人们的想象和传说，这块普通的巨石就成了具有神奇情节的怪石了。其实在启母石旁边的叠石溪里，倒是怪石诡奇。正如游人所说："叠石溪之胜在于石。"这些石英岩的转石，形状怪奇，细如累卵，巨如杠鼎，立若龙马，蹲若虎豹，层层叠上。溪水奔流其间，伏而不见，听之叮咚。水激石上，或喷薄如碎珠，或翻腾若雪浪。野花异草，依石而生。在嵩山的许多溪流中，以叠石溪为最佳，司马光把别墅盖在这里，恐怕就是风景这边独好的缘故吧。

诸葛拜斗石

北京故宫御花园西侧铜獬豸（音谢制）的前面，有一块奇异的石头，状如僧帽，石面上呈现一个躬身下拜的人影。此人影头戴道巾，身穿紫褶，长袖下垂，双手拱起，躬身遥拜北方的北斗七星，形象栩栩如生，人们认定此石为"诸葛拜斗石"。

相传，公元235年（蜀后主建兴十三年），孔明率领军队去攻打曹操（魏），驻扎在渭水的南岸。一天，孔明正与部下姜维讨论战事，忽然有人来报告说，费祎到。孔明听完费祎的报告后，旧病复发，长叹一声，不觉昏倒在地。众人急救，半晌才苏醒过来。孔明自知命将归天，于是在军营中设下香花祭物，地上分布7盏大灯，外边布置49盏小灯，里边设下本命灯一盏，祈祷北斗。如果7天内主灯不灭，孔明的寿命可增一个纪。当孔明拜到第六夜时，部下魏延飞步跑进军营来，一不小心，竟将主灯扑灭。此时守在旁边的姜维要杀魏延，孔明劝阻了，说是"此吾命当绝，非文长之过也"。时建兴十三年八月二十三日，孔明口吐鲜血而亡，时年54岁。据说，鲜血溅在石面上，化作孔明的身影和北斗七星，以表对天铭感之情。其实，此石与诸葛孔明没有一点关系，石头上的花纹不是人影，也不是北斗七星。经仔细观察，此石是一种含砾石的石英岩。所谓孔明的身影，实际上是石英岩在成岩过程

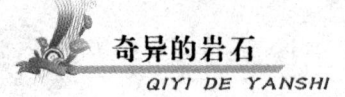

中形成的三个大小不等的含铁质透镜体，由氧化铁巧连而成，一些大大小小的砾石构成了似"北斗七星"和"孔明"的形状，这不过是天地间的一种巧合罢了。

片 理

片理又称"片状构造"，指岩石形成薄片状的构造，有板状、千枚状、片状、片麻状构造等。片理在变质岩中极为常见，是重要特征之一。对于其成因观点不一，一般认为在应力和温度的联合作用下，导使沿剪切面方向之一发育成一组片理，或因重结晶较强烈，进而在此方向上形成片理构造。片理面的方向有的与原岩层理斜交，但也有与原岩层理方向一致的。

自然界中的奇异岩石

　　大自然是个无所不能，有着万千手段的魔术师，她把"冰冷"的岩石打磨成各种各样的贵美石材。这些自然界中的贵美石材再经过琢、磨、雕、刻等工艺，就会变成炫目的饰品或工艺美术品和珍贵的建筑材料，深受世人的青睐。此外，自然界中还有一些有着奇异功能的岩石，这些有着"特异功能"的岩石有着特殊的构造和形成机理，也因此造就了独特的功能，如今，有些种类的"特异功能"的岩石已经被人类应用到了生产生活中去了，为人类做着重要贡献。

宝石、玉石、彩石、砚石

　　岩石中的佼佼者，要数那些宝石、玉石、彩石和砚石。宝、玉、彩、砚历来为人们所珍爱，然而在地质工作者看来，它们只是一些特殊的矿物和岩石。在自然界中，所有的矿物和岩石中有200多种可以做宝、玉、彩、砚，而特别珍贵的只有几十种。

　　什么是宝石、玉石、彩石和砚石呢？具备什么条件的岩石才能达到宝、玉、彩、砚的要求呢？科学院地学部院士高振西总工程师等人认为：宝、玉、

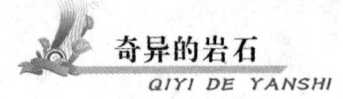
彩、砚是自然界符合工艺要求的矿物和岩石，可用于制作装饰品、艺术品、雕刻品的美术工艺原料。世界各国对这类原料至今尚无统一的名称。西方国家用"宝石"、俄罗斯用"彩石"、日本用"贵石"作为这类矿物岩石的统称。

在我国，有的用"宝石"，有的用"玉石"作统称，但涵义不清，概念混乱。高振西等专家建议，把自然界中凡经过琢、磨、雕、刻，可以供装饰、欣赏或具有实用价值的矿物和岩石统称为"贵美石材"，简称为"贵美石。"所谓贵，一是这些原料在自然界中数量甚少，物以稀为贵；二是这些原料经加工后的成品，价值十分昂贵。所谓美，主要在于原料本身有鲜艳的颜色、灿烂的光泽，清澈的透明度，细腻而坚韧的质地以及特殊的结构、构造，具有诱人的魅力，加工后的艺术品更给人们以美的享受。

按照高振西等人的意见，宝石、玉石、彩石和砚石的基本概念应该是这样的：

宝石——凡硬度（摩氏）在6度以上，颜色鲜艳纯正，透明度高，折光率高，光泽强，符合工艺要求的非金属矿物晶体，称为宝石。主要用于制作各种首饰。

玉石——凡硬度（摩氏）在4度以上，颜色艳丽，抛光后反光性强，质地细腻坚韧，符合工艺要求的非金属单矿物集合体（单矿物岩），称之为玉石。主要用于制作玉器，部分用于制作首饰。

彩石——颜色鲜艳、色彩美丽、质地细腻，或者具有某种奇异结构的多种矿物集合体（即岩石）和金属矿物以及硬度较低的单矿物集合体，均可列为彩石的范畴。主要用于制作各种雕刻品和作为建筑石材，部分用于首饰或首饰镶边。

砚石——凡符合发墨益毫，滑不拒墨，贮墨不涸，久磨不损，细中有锋，柔中有刚等要求，可用以做砚的泥砂质、钙质沉积岩或浅变质岩，称为砚石。

玉和砚起源于中国，宝石和彩石在我国也早已被利用。因此，上述划分方案体现了我国长期以来利用贵美石材的历史特点。

我国素有"玉石之国"的称号，我国的宝石和玉雕工艺品在世界上享有"东方艺术"的盛誉。根据考古，我们祖先最迟在旧石器时代末期，就已使用石质装饰品了。到了新石器时代，不但出现了石环、石杵等较为精致的石器，而且还出现了玉器。我国的玉雕工艺至少有四五千年的历史。殷商时代是玉业大发展时期，赏玩之风盛行。周朝将玉列为"八材"之一。玉不但是高贵的象征，而且被视作权力的标记。春秋战国时代，献玉、纳玉成风。汉代蓝田美玉名传千古，昆仑软玉威震华夏，金缕玉衣声播宇内。自三国以至隋唐，玉业则承袭汉代余绪。宋代设"玉院"，巧作夺天工。元造大玉瓮，明清超百代。世传"东方艺术"源于中华。

色彩美丽的彩石

我国对于彩石的应用最晚也在新石器时代。从北魏到隋唐时代，开凿云冈石窟、敦煌石窟和龙门石窟；明代在北京建造十三陵，明、清建造北京故宫，1929 年建成南京中山陵，都分别采用了汉白玉、大理石、花岗石、寿山石、田黄石等大量彩石。新中国成立以后，彩石资源的开发和利用得到了更为迅速地发展，如各地品种繁多的花岗石、大理石、福建莆田的田黄石、闽侯的寿山石、浙江永嘉的青田石、昌化的鸡血石、湖南浏阳的菊花石、山东掖县的绿冻石和陕西略阳的五花石等等，用它们制成的工艺品绚丽夺目，为人类的现代文明谱写了新的篇章。

笔、墨、纸、砚合称"文房四宝"。"文房四宝"中的砚，在我国具有悠久的历史，早在古代就有铜砚、银砚、玉砚、陶砚和石砚等等。其中尤以石砚历史久远。端砚、歙砚、洮砚等优质砚石远在唐朝时就已驰名中外。

浮磐山的灵璧玉

灵璧玉是玉中的佳品。据《诗经》记载，远在 2200 年前的战国时代，人们就多以浮磐为贡品。浮磐是一种比较轻的石头制成的乐器，它是安徽灵璧县浮磐山的磬云石。此石击之声韵悦耳，能发八音，色黑似漆，所以古人用来磨制乐器。《博物论》中说："灵璧有玉石山，出石如菜玉色，磨之可为屏风、棋子、图书之类。"宋代有一首《璧玉歌》，赞誉诗句如下：

> 灵璧一石天下奇，
> 声如青铜色璧玉。
> 秀润四时岚岗翠，
> 宝落世间何巍巍。

灵璧玉的品种很多，但比较名贵的要数红皖螺、灰皖螺和磬云石。它们质地素雅，色泽艳丽，花纹美观大方。灵璧玉的历史悠久，一向用来作浮雕、

红皖螺

圆雕、镂空等工艺品原料，雕刻山水、花瓶、珍禽异兽等。此外，还可加工成石板，供房屋建筑和抱柱镶嵌之用。北京地下铁道的车站，南京长江大桥的桥栏就用灵璧玉镶嵌作壁面。目前，我国的灵璧玉远销日本、美国、法国、意大利和非洲的一些国家。

安徽省灵璧县浮磐山上的灵璧玉，是一种碳酸盐岩和变质的碳酸盐岩——大理岩。这种碳酸盐岩和大理岩质地素雅，色泽美观。红皖螺和灰皖螺都是含叠层石的大理石。在8亿年前，生活在浅海中的低等植物群蓝绿藻死亡以后，与海水中的碳酸盐物质一起沉积下来。其中碳酸盐物质沉淀结晶形成方解石，蓝绿藻则形成花纹漂亮的叠层石。

古生物学家认为：叠层石由两个基本层交替构成，一个是基本层暗带，这是在藻类繁殖季节由富含有机质的薄条带构成的；另一个是基本层亮带，是在藻类休眠季节，由有机质少的厚条带层构成。这些层都向上突出形成各种形态。后来，含叠层石的石灰岩在高温高压条件下，方解石重新结晶，便形成了现在所见到的含叠层石的大理岩了。红皖螺因含三氧化二铁（Fe_2O_3）

而使岩石变成紫红、粉红色；灰皖螺因含黏土矿物杂质而呈现银灰色和黄灰色。磐云石为隐晶质石灰岩，由颗粒均匀的微粒方解石组成。同时，在隐晶质的方解石内和颗粒之间，含有金属矿物和有机质斑点，因此，当岩石磨光后，基底漆黑如镜，光亮照影，其上闪烁着点点金光。

 **知识点**

碳酸盐岩的形成

碳酸盐岩是沉积形成的碳酸盐矿物组成的岩石的总称，可分为石灰岩和白云岩两类。碳酸盐岩是自然界中重碳酸钙溶液发生过饱和，从水体中沉淀形成。现代和古代碳酸盐沉积主要分布于低纬度带无河流注入的清澈而温暖的浅海环境以及滨岸地区。这是因为碳酸盐过饱和沉淀需要排出二氧化碳，海水温度升高和海水深度变小都有利于水中二氧化碳分压降低，促进重碳酸钙过饱和沉淀。另外，温暖浅海环境，生物发育，藻类光合作用均需要吸收二氧化碳，也促进碳酸钙的饱和和沉淀。底栖和浮游生物还通过生物化学和生物物理作用直接建造钙质骨骼，形成生物碳酸盐岩。

贺兰山的贺兰石

宁夏有五宝，人们概括为"红黄蓝白黑"。红指枸杞，黄指甘草，蓝指贺兰石，白指滩羊皮及二毛裘皮，黑指发菜。

贺兰山上的贺兰石是一种含石英粉砂的粘板岩，可以作工艺美术石料，被誉为"兰宝"。它最突出的优点是质地细腻均匀，色彩斑斓。不少贺兰石有紫中嵌绿，绿中符紫的"三彩"特色。陈列在人民大会堂的大幅竖屏，就是三层颜色的贺兰石雕。从整体看来，贺兰石呈深紫色，艺人称为"紫底"，在紫底上嵌布着浅绿色，称作"绿彩"或"绿标"。两者界线分明，晶莹嫩绿，显得分外素雅清秀。

由于贺兰石结构均匀，质地细密，孔隙少，透水性差，刚柔相宜，坚而可雕，是雕刻石砚的优质材料。带盖的贺兰砚如同密封的容器，存墨久置不

贺兰石

干，素有"存墨过三天"之誉。公元1780年（乾隆四十五年）出版的《宁夏府志》里写道："笔架山在贺兰山小滚钟口，三峰矗立，宛如笔架，下出紫石可为砚，俗呼贺兰端"。到清末，"一端二歙三贺兰"的说法已广为流传。贺兰石砚具发墨、存墨、护毫、耐用的特点。

贺兰石的另一大用处是制作磨石（即油石）。油石是机械工业中加工精密零件不可缺少的研磨工具，广泛适用于倒砂压光和直接研磨各种高精度、高光洁度的块规、刀具和刃具，可抛光钟表摆轴和零件、仪表轴尖、硬合金笔尖、高级绘图仪器及精密机械零件。一块高级进口油石，使用期不到6年，可磨组织切片刀5把，切组织蜡块25000个，而贺兰石磨石的使用期超过6年，可磨组织切片刀6把，切组织蜡块约30000个。证明"贺兰石磨石"比进口的高级油石更好。

贺兰石的主要矿物成分有石英、泥质和极少量的绢云母。石英颗粒极细，绝大多数小于10微米。岩石中含有少量铁质，分布不均匀。三氧化二铁含量较高的部分呈深紫色，含氧化亚铁较高的部分显出绿彩，构成了紫底绿彩斑斓的色彩。

翻开宁夏贺兰山的地层史卷，可知贺兰石在地层中至少已经渡过13亿年的漫长岁月了。

雕刻珍材青田石

青田石产于浙江省，距青田县城10千米的白羊山上。这里地处瓯江中游，括苍山南麓，青田石因产地而得名。青田石是一种著名的雕刻原料。我国党政代表团早年访问朝鲜时，赠送给金日成主席一座"群马"石雕，就是依青田石的天然色彩，雕刻成一群奔腾飞跃的骏马，象征着千里马精神。

青田石刻始于宋代，至今已有 900 多年的历史。那么，青田石刻是怎样开始的呢？传说，宋朝时，有一个农民到白羊山去砍柴。一天，他正起劲地砍着，突然柴刀砍在石头上了，"唰"的一声，柴刀起处石头落地，空中飞溅出一股雪白的粉末，但砍柴刀却丝毫没有损伤。农民好奇地从地上捡起那块

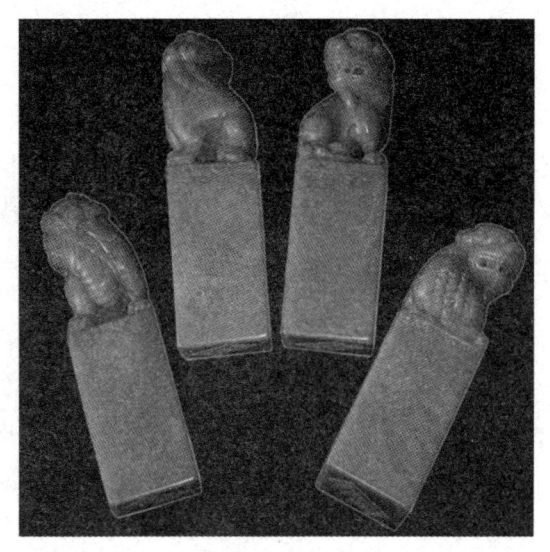

青田石印章

石头，石头晶莹如玉，真是好看极了，于是把它夹在柴草当中带回家去。这件事传开后，人们都到方山山口一带来采集这种石头。从此，石头与当地人便结下了不解之缘。聪明的石刻艺人还试着用它来刻图章、刻砚台、墨水缸，逐渐形成了青田石刻。据说有一天，一位刻砚台的艺人从野外带回来一束映山红，在无意中把这些花放在刚刻好的淡红色的墨水缸旁，红艳艳的映山红花瓣，衬着淡红色的墨水缸，使墨水缸显得更美丽了。艺人顿受启发，于是诞生了"刻花墨水缸"。

灯光冻

宋朝时的青田石，主要用来刻制图章、石碗、石槽、笔筒、笔架、墨水缸和香炉等。到了清朝，由于石雕艺人的

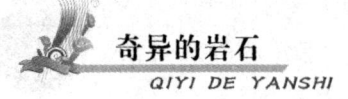

琢磨，青田石刻由文玩、实用品发展到雕人物、山水。从浅刻、浮雕、立体图雕到多层镂雕，并充分利用石料上的"巧色"，使青田石雕的工艺达到很高的水平。清朝末期，青田石雕的年产量已达到 1 万余箱，远销欧、亚、澳、非、美洲等的许多国家。民国初年，我们的"国际旅行家"以青田石雕参加了中美洲的"巴拿马赛会"，并获得二等奖，成为脍炙艺术界、遐迩闻名的珍品。

在工艺美术界，把青田石分为"冻石"和"图书石"两大类，而以冻石尤为著名。冻石半透明，洁白如玉，像冰冻一样，所以称为"冻石"。古人往往以"凝脂"、"冻密"来形容它。按石质、颜色、纹理，冻石还可分为20多种，如鱼脑冻、青田冻、紫檀冻、红花冻、松皮冻、桔黄石、竹叶青、葱花黄及灯光冻等等。其中最名贵的品种要数灯光冻了。它与福建寿山的田黄石、昌化的鸡血石，并称三大佳石。明朝屠隆写的《考槃余事》中说："青田石中有莹洁如玉，盖取其质雅易刻而笔意得尽也。"冻石一般都作图章材料。图书石比冻石差一些，质地滑腻、细致，颜色有红、黄、蓝、黑、紫、褐等，是刻图章的原料。

近年来，随着科学技术和工艺美术的发展，青田石的用途日益广泛，不仅作为雕刻石料、建筑材料和陶瓷原料的充填料，还用作分子筛、人造金刚石的模具和耐火材料等。

青田石是一种变质的中酸性火山岩，叫流纹质凝灰岩，主要矿物成分为叶蜡石，还有石英、绢云母、硅线石、绿帘石和一水硬铝石等。颜色很杂，红、黄、蓝、白、黑都有，岩石的色彩与岩石的化学成分有关，当三氧化铁（Fe_2O_3）含量高时，呈红色，含量低时呈黄色，更低时为青白色。岩石硬度中等，由于玉石含叶蜡石、绢云母、硬铝石等矿物，所以岩石有滑腻感。

浙江的"昌化冻"也是一种含

鸡血石

叶蜡石的酸性火山岩（凝灰岩）。在"昌化冻"上，有时有红色的辰砂呈细点状分布，犹如鸡血撒在石面上一样，因此又名"鸡血石"。清朝官吏因其温润晶莹，璀璨夺目，用来做佩戴的花翎红顶和"朝珠"。以鸡血石作印章石材，素为金石鉴赏家们所珍爱，而鸡血石工艺雕刻品则深受国内外欢迎。

 **知识点**

叶蜡石

叶蜡石是黏土矿物的一种，主要由酸性火山凝灰岩经热液蚀变而成，在某些富铝的变质岩中也有产出。叶蜡石质地细腻，硬度低、柔软脂润，有良好的机械加工性能。我国叶蜡石矿床按成因可分为热液型和变质型两大类。矿床主要形成于中世纪侏罗纪晚期——白垩纪早期，且主要集中在东南沿海一带，多为中小型矿床。

四大名石之首——英石

英石始拓产于英德，故又称英德石。英石，是经大自然的千百年骤冷曝晒，箭雨风刀，神工鬼斧雕塑而成的玲珑剔透，千姿百态的石灰石，"瘦、皱、漏、透"四字简练的描述了英石的特点。英石大的可砌积成园、庭之一山景，小的可制作成山水盘景置于案几，极具观赏和收藏价值。

英石源于石灰岩石山，自然崩落后的石块，有的散布地面，有的埋入土中，经过千百万年或阳光曝晒风化、或箭雨刀风冲刷、或流水侵蚀等作用，使之形成奇形怪状的石块，具有独特的观赏价

英　石

121

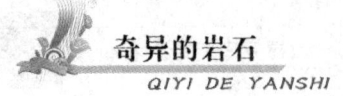
值，自古至今深受奇石爱好者青睐。在英德市区东北 10 千米，有一座山名叫英山，它高约 240 米，是一座石灰岩质石山。由于表石层经历长期自然风化，形成无数多姿多彩的英石。英德的英字，也缘英山而称。英山盛产的英石，有阳石和阴石之分。出土者为阳石，质地坚硬，色泽青苍，扣之清脆。阳石按表面形态分为直纹石、斜纹石、叠石等。入土者为阴石，质地稍润，色有微青和灰黑，扣之皆有韵声。阴石玉润通透；阳石皱瘦漏透，各有特色，各有千秋。据专家估测，可开发的英石资源有 6 亿吨，居全国四大名石之首。

高档玉石丁香紫玉料

20 世纪 80 年代，地质工作者在新疆维吾尔自治区阿尔泰、天山地区，发现了一种新的玉石石料。由于玉石的颜色很像丁香花的紫色，所以称作丁香紫。

丁香紫玉料，颜色艳丽，玉质细腻，质地致密，光泽柔和，均匀无瑕，韧性很好。块度大小不一，大的有几十立方米，小的为几立方厘米，是一种中、高档玉石。目前用丁香紫琢磨、雕刻的工艺品主要是素身戒面、项珠、人物仕女，炉、鼎、塔、瓶等。用丁香紫制作的工艺美术品，深受人们称赞，

丁香紫玉项珠

博得国内外的好评。

丁香紫玉料是一种锂云母单矿物岩石。把它磨成 0.03 毫米厚的薄片,然后放在偏光显微镜下观察,可以看到岩石主要由锂云母组成,还有少量的微粒石英、钠长石等。锂云母呈片状或鳞片状集合体,浅紫色,有时为白色、含锰质的呈桃红色,玻璃光泽,在解理面上呈珍珠光泽,半透明至不透明,硬度不大,和指甲硬度差不多,比重在 2.8 ~ 2.9 之间。这种岩石的性质由主要组成矿物锂云母决定。

丁香紫产在钠——锂型的花岗伟晶岩中。花岗伟晶岩是一种以石英、长石和少量云母组成的、矿物晶体粗大的岩石。这种岩石呈脉状产出,延伸几米到几百米,甚至几千米。新疆的阿尔泰、天山地区花岗伟晶岩甚多,所以丁香紫玉料的发展是大有希望的。

白如雪,质似玉的昆石

"孤根立雪依琴荐,小朵生云润笔床",这是元朝诗人张雨在《得昆山石》诗中对昆石的赞美。昆石又称昆山石,因产于江苏昆山而得名。主要出自于城外玉峰山(古称马鞍山),系石英脉在晶洞中长成的晶簇体,呈网脉状,晶莹洁白,剔透玲珑,少见大材。它与灵璧石、太湖石、英石同被誉为"中国四大名石",又与太湖石、雨花石一起被称为"江苏三大名石",在奇石中占据着重要的地位。

昆石有 10 多个种类,分别按其形态特征命名为鸡骨峰、杨梅峰、胡桃峰、荔枝峰、海蜇峰等。昆石毛坯外部有红山泥包裹,须除去酸碱,从开采到加工成品需要一段时日。

大约在几亿年以前,由于地壳运动的挤压,昆山地下深处岩浆中富含的二氧化硅热溶液侵入了岩石裂缝,冷却后形成石英矿脉。在这石英矿脉晶洞中生成的石英结晶晶簇体便是昆石。由于其晶簇、脉片形象结构的多样化,人们发现它有"鸡骨"、"胡桃"等 10 多个品种,分产于玉峰山之东山、西山、前山。鸡骨石由薄如鸡骨的石片纵横交错组成,给人以坚韧刚劲的感觉,它在昆石中最为名贵;胡桃石表皱纹遍布,块状突兀,晶莹可爱。此外还有

昆山石

"雪花"、"海蜇"、"荔枝"、"荷叶皱"等品种，多以形象命名。

昆石总的看来是以雪白晶莹，窍孔遍体，玲珑剔透为主要特征。一块精品昆石必然是大洞套小洞，小洞内见大洞，洞内弯弯曲曲，变化无穷，显示出千孔百巧的灵巧，让人无限遐想而惊叹大自然鬼斧神工，这是其他石种无法比拟的。

形态美是昆石的生命。古代赏石四要素为：瘦、皱、漏、透。昆石正是这四要素的代表作，它最能体现瘦、皱、漏、透的特点。昆石其形千变万化，形态婀娜，冰清玉洁，幽洞遍体，无一类同。昆石还具有天然凋塑之美，它具有玲珑剔透的线条和多层次情景交融的形态，白居易在《太湖石记》云："百仞一拳，千里一瞬，坐而得之"，昆石精品已达到缩景艺术的气势，叫人叹为观止。

石质美是昆石的灵气。昆石是由二氧化硅充填形成的石英结晶体，故石质似玉，细腻光润。古人云："白如雪，质似玉"。用放大镜细观之，昆石是由白色晶体组成，闪闪发光，犹如钻石，发出璀璨的光彩，坚硬的质地，高贵的气质，让人爱不释手，所以昆石在古代叫玉石，产石的所在地现在还叫玉山镇，可见昆石从古至今以晶莹洁白著称，显示出它特有的高洁。

蛇纹石化大理岩蓝田玉

据考，我国珍藏的汉朝玉器，至今发现不多。故宫博物院珍藏的汉朝玉佩（即蟒袍衣带或乌纱帽上佩带的玉器）以及西安茂陵附近出土的西汉武帝的大型"玉铺首",重10.6千克(这是一种嵌在古墓门上用的玉器),经鉴定,它们都是一种蛇纹石化大理岩。宝石学上叫做蓝田玉,是以产地陕西省蓝田县命名的。

陕西省蓝田县是否产蓝田玉的问题,自唐朝以来,一直是一个难解之谜。

《汉书·地理志》载,美玉产"京北",即长安(今西安)北面的"蓝田山"。《后汉书·外戚传》《西京赋》(北宋张衡著)《广雅》(三国时的作品)《水经注》(北魏时的作品)和《元和郡县图志》(唐朝的作品)等古书,都有蓝田产玉的记载。但到了明朝万

汉代玉铺首

历年间,宋应星著《天工开物》一书中,却否认陕西省蓝田县产玉石。宋应星称:"所谓蓝田,即葱岭(昆仑山)出玉之别名,而后世误以为西安之蓝田。"宋应星把《汉书·地理志》和其他史书的记载全推翻了,认为世上的蓝田玉是出自昆仑山脉。

1921年,我国地质学家章鸿钊先生在《石雅》中说,蓝田自周至汉,地临上都,是古制玉之地,并非产玉之地,他认为宋应星的说法是有道理的。但章先生怀疑:既然蓝田不产玉,又何言玉产蓝田山呢?所以,他又认为:蓝田古代可能产过玉,由于长期采掘,现在已无遗存了,所以后人才说蓝田不产玉。章先生只是对蓝田是否产玉作了分析,也没有结论。蓝田玉的产出地点仍然是个谜。

20世纪70年代以来,地质工作者在蓝田县发现了蓝田玉。它是一种蛇纹石化大理岩。白色的大理岩中布满了草绿色的具有滑感的蛇纹石,当含有其他杂质时,还可出现红、黄、黑等色。

蛇纹石化大理岩是碳酸盐岩石,由石灰岩、白云岩受到热水溶液作用后,

清代蛇纹石大理岩饰物

重新结晶而成的。在变质过程中含镁质的矿物（如白云石）可以变成蛇纹石。

1978 年 11 月 23 日，《人民日报》就此发表消息说："用蓝田玉作碗、杯、酒具等"在陕西销售，作为旅游者选购的纪念品。1981 年，地质博物馆又展出了蓝田玉。历史上争论了上千年的蓝田玉之谜，经我国地质工作者的勤奋工作之后已经解开了，这是一个了不起的成就。

蛇纹石

蛇纹石是一种含水的富镁硅酸盐矿物的总称，有叶蛇纹石、利蛇纹石、纤蛇纹石等类别。它们的颜色一般常为绿色调，但也有浅灰、白色或黄色等。因为它们往往是青绿相间像蛇皮一样，故此得名。蛇纹石的结构常会有卷曲状，像纤维一样。这样的蛇纹石常被当做石绵用。块状或纤维状的蛇纹石都会具有光泽，块状如蜡，纤维状如丝。蛇纹石常被当做建筑用材料，有些可当做耐火材料，颜色好看的还可以制成装饰品或工艺品。

次生石英岩的显赫玉类

在岩石学上，次生石英岩是很普通的岩石，可是在宝石学上，它却可以构成许多种显赫的玉类。例如，"京白玉"、"密玉"、"河南玉"、"南阳玉"、"洛翡"以及"东陵石"等等。什么是次生石英岩？这种岩石是怎样形成的呢？

次生石英岩是一种变质岩。它的主要矿物成分是石英，约占 70% ～

75%，还含有绢云母和富铝矿物明矾石、高岭石、红柱石、叶蜡石和水铝石等。呈浅灰、暗灰或绿灰等色，隐晶质，致密块状，硬度比较大。次生石英岩多半是由火山岩受到火山喷出的含硫蒸气或热液的影响，使原来岩石中的矿物转变成石英和富铝矿物而成的。

次生石英岩组成的玉石特点是什么呢？还是让我们来请教宝石学吧！

京白玉是一种白色的次生石英岩，隐晶质，块状，洁白晶莹，硬度很高。坚硬耐磨，是一种玉雕材料。

密玉，因产于河南省密县而得名。是一种黄色到黄褐色（有铁质浸染）的次生石英岩，可作玉雕。

南阳玉（即河南玉）是我国古代有名的玉种之一。色白，略带翠绿，有点像翡翠，也是一种很好的玉雕材料。

洛翡，因产于陕西洛南而得名。是我国新近发现和利用的一种工艺石料。颜色像胆矾一样的蓝绿色，细粒，块状，摩氏硬度 4~6，绿

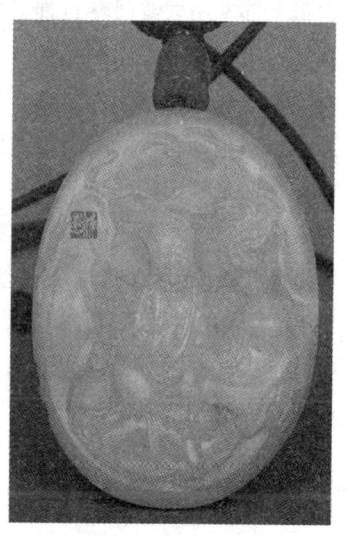

京白玉坠

色为铜离子所表现出来的颜色。石料基本色很好，有利于制作"人工加色宝石"。

东陵石凡含细鳞片状云母或细云母片状赤铁矿，而且分布均匀的"次生石英岩"或水晶晶体，都叫东陵石（后者在矿物学上叫"砂金石"），可作宝石或工艺雕刻石料。琢磨后，呈闪烁的金黄色、粉红色和油绿色的比较贵重，以绿色、碧绿色者最好。绿色是细鳞片状铬云母均匀分布于次生石英岩中形成的。原石肉眼清楚可见的铬云母细片，工艺师称为"眼"。"眼"多而大小在一毫米左右的色最佳，"眼"少但是比较大时，则颜色发淡，是为劣品。

优秀建筑石材——花岗岩

当你行走在天安门广场的人行道上，如果注意观察脚下的石板，便会发

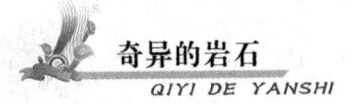
现那是一种红色的花岗岩。当你瞻仰天安门前的人民英雄纪念碑的时候，一定会对它的庄严瑰丽而肃然起敬。你可知道，碑石是什么材料制成的？它是用青岛产的整块花岗岩雕刻而成的。这一块花岗岩高近 15 米，宽约 3 米，厚约 1 米，重约 200 吨。当你瞻仰毛主席遗容时，毛主席纪念堂的两层台基、台帮全部采用大渡河畔石棉县的枣红色花岗岩砌成的，给人以稳固和庄严的实感，象征着毛主席开拓的红色江山坚如磐石、千秋万代永不变色。到过黄海之滨——青岛市的人，也一定会被那些美丽而坚固的建筑物所吸引。那些建筑材料和饰料，既不是砖，也不是混凝土，而是经过加工的花岗岩石料。

在南京钟山的南坡，坐落着气势磅礴的孙中山的陵墓——中山陵，陵墓建筑在第二峰小茅山的南麓，背山朝南，"前临平川，后拥青嶂"，气势雄伟。陵墓建于 1926 年，占地 2000 多亩，整个建筑物的轮廓像一只巨大的"自由钟"。陵墓进口处就是花岗岩的石牌坊。中山陵的主要建筑材料是江苏苏州和福建产的花岗岩和云南大理的大理岩。此外，南京的"渡江胜利纪念碑"也是用花岗岩建起来的。

福建的花岗岩石料具有悠久的历史。著名的侨乡——泉州，有一洛阳桥，

南京中山陵石牌坊

全长450余米，是900年前（明朝）用花岗岩建成的，其中有一块石料重达200吨。古代石雕艺术的杰作之一——泉州的双塔，全部是用花岗岩砌筑成的宋代古塔。气势雄伟的厦门集美海堤，也是采用花岗岩填筑造就的。福山、乌山、摩崖刻石处处皆是。全国著名的石刻"般若台铭"是公元772年（唐朝大历七年）由书法家李阳冰书写，以花岗岩为石料刻成的；民族英雄郑成功的故乡——南安石井保存至今的石刻。我国最早的伊斯兰教石雕建筑物——福建的清真寺（建于1009年的）都是用的花岗岩石料。福建的花岗岩石料，以"泉州白"最为闻名，泉州白已有1500年开采历史，深受国内外建材界的赞誉。晋江永和巴厝等地的花岗岩，可与碧石相媲美，这里的花岗岩石刻和浮雕产品远销五大洲，博得了国内外人士的喜爱和欢迎。

花岗岩为什么能够成为一种优质的建筑石材呢？建筑学家和地质学家认为，最根本的原因还在于它具有坚硬结实的质地。经科学实验测得，花岗岩的比重是2.7。抗压强度为每平方米1300～2500千克，比大理岩、石灰岩、砂岩等的抗压强度大得多，手指头大小的花岗岩（1

泉州洛阳桥

平方厘米），竟可以承受一两吨重的压力。吸收水分的能力通常不到1%，抗冻性高达100～200次冻融循环，即每年冬天冻冰一次，春天开始融化一次，它的耐久性可以达到100～200年。花岗岩不但质地坚实，而且颜色多样，有枣红的、青灰的、灰白的等等，美观大方。经磨光后，纹理清晰，光泽灿烂，可以成为高级建筑石料和装饰石料。

花岗岩是地壳中分布较广的一种岩石，由长石、石英和少量黑云母等矿物组成。石英是白色的，长石的颜色有肉红色，也有灰白色，黑云母为黑色，所以花岗岩的颜色较浅。岩石中的矿物结晶一般都比较好，有粗粒、中粒和细粒之分。其中同种矿物的颗粒大小相近的，称为等粒结构，多数花岗岩都是等粒的。然而也有矿物颗粒大小不等的，称为斑状花岗岩或花岗斑岩。还

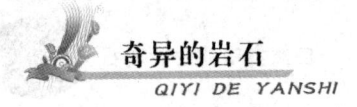
有一种矿物颗粒很大的花岗岩，有的石英晶体可长达 2 米以上，云母晶体面积可达 3 ~ 5 平方米，长石晶体的长度可使一个大个子躺在上面睡觉。这种花岗岩叫花岗伟晶岩。

花岗岩家族的成员很多。首先，可以分出碱性系列和钙碱性系列两大分支。因为碱性花岗岩数量很少，分布也不广泛，常常不为人们重视；钙碱性花岗岩不但数量多，而且分布很广，人们经常见到的花岗岩就是这一类。在这类花岗岩中，如果仅由长石和石英两种矿物组成，而没有黑云母等暗色矿物存在，就被称为白岗岩。若在长石、石英和黑云母之外，还含一点角闪石或辉石时，可叫角闪石花岗岩，或辉石花岗岩。

云　母

云母是自然界中分布最广的造岩矿物，通常呈假六方或菱形的板状、片状、柱状晶形。颜色随化学成分的变化而异，主要随铁含量的增多而变深。云母有绝缘、耐高温、光泽度好、物理化学性能稳定，隔热性、弹性和韧性好等特点。云母种类繁多，广泛应用于建材行业、消防行业、塑料、造纸、橡胶、珠光颜料等化工工业。

高级建筑石材和彩石——大理石

当我们来到祖国首都的天安门广场，雄伟、庄严的建筑群尽收眼底。漫步金水桥畔、人民英雄纪念碑、人民大会堂和毛主席纪念堂前，不仅沉浸在深切的怀念之中，而且还可欣赏那优秀的石材、彩石和饰料。其中大理石最多，而且十分引人注目。

毛主席纪念堂的建筑，采用大理石作石材、彩石的数量是相当多的。纪念堂南北面正中大门的上方，镶嵌着"毛主席纪念堂"六个大字的汉白玉金字匾；从正门步入纪念堂北大厅，迎面是 3.45 米高的用汉白玉雕塑的毛主席坐像。大厅里有四根方柱，柱体贴有红色的大理石，色调肃穆；大厅南面墙

毛主席纪念堂

上镶着洁白的大理石，上面刻着"伟大领袖和导师毛泽东主席永垂不朽"的金色大字；南大厅正面的汉白玉墙上刻着郭沫若同志手书的毛主席词《满江红》，两层平台四周的栏板和平台石桥扶栏，用北京汉白玉制作而成；南北两面的台阶上，则各有两条汉白玉垂带，上面雕刻着由葵花、万年青、松枝和腊梅组成的花环。

人民英雄纪念碑下的浮雕及石座，天安门前雕刻精美的石华表、桥栏和石狮都是我国劳动人民利用汉白玉的杰作。故宫里许多精美绝伦的雕刻装饰、建筑，也都是用的大理石。

大理石是一种高级建筑石材和彩石，因我国云南大理县点苍山产出数量多、质地优良而得名。点苍山位于云南省西部洱海之滨，俗称苍山，又名灵鹫山，南诏时封为中岳山。苍山共有 19 峰，峰峰相连，溪水 18 条，条条清碧。山峰险峻，白雪蛾冠，云雾缭绕，苍松翠柏，犹如仙境。苍山 19 峰，峰峰盛产大理石。其中尤以鹤云峰、雪人峰、兰峰和三阳峰蕴藏量最丰富，开发利用历史悠久。我国早在唐朝古塔、宋元碑文和明朝墓志中就有许多精美的大理石工艺品。仅从公元 825 年南诏所建的千寻塔和塔内雕刻的大理石佛像，以及大理城址的大理石南诏德化碑来看，在距今 1200 多年的时候，大理

天安门前的华表

石工艺技术已达到很高的水平了。清朝黄元治在《点苍山石歌》中赞美大理石为："石质石纹确奇绝，自如截脂如积雪，绿青浓淡间微黄，山水草木尽天设。

建筑工艺上所说的大理石，在岩石学上称为大理岩，也是一种变质岩石。它的化学成分主要是碳酸钙，有时也可以是碳酸钙镁。矿物成分主要是方解石，有时也可以是白云石等。纯者不含杂质，有的往往含有铁、锰、碳和泥质等杂质。质纯的大理岩颜色洁白，当含有不同杂质时，可出现各种不同的颜色和花纹，磨光后绚丽多彩。大理石中方解石颗粒清晰可见，但不同的大理石晶粒粗细是不同的。

大理石可作建筑石材或装饰彩石，优质者可作工艺制品。

我们伟大的祖国地大物博，大理石分布广泛。各地所产的大理石由于花纹色彩不同，工艺上分别给以不同的名称。如云南的云石和云南灰，河北的雪花、桃红、墨玉和曲阳玉，北京的汉白玉、艾叶青、芝麻花和螺丝转；东北的东北红和东北绿；湖北的云彩、福香、粉荷、雪浪、脂香、银荷、锦涛、紫纹玉、绿野、红花玉、残枫和龟壁；山东的莱阳绿和紫豆瓣；江苏的海涛、宁红、奶色玉、高资白；贵州的曲纹玉；浙江的残雪等等。各式各样的大理石犹如百花园里万紫千红、五彩缤纷的鲜花，显示出我国优良的建筑和工艺石料资源丰富多彩。

这里介绍几种格调不同的大理石。

纯洁雪白的大理岩叫汉白玉，是一种著名的石雕材料，产于北京房山县。白色者居多，方解石结晶较好，磨光后晶莹如玉，质地细致均匀，透光性好。我国古代的石雕，如隋、唐的大型佛像，都喜欢用汉白玉制作。故宫里有一

块雕刻着龙和山水的大石雕，重达数十吨，就是北京房山县产的汉白玉。清朝时没有起重机，如此重的大理石石雕是怎样运来故宫的呢？据说，那一年的冬天，在修好的运输道路上浇水成冰，形成冰道，万人拖着大石块在冰上滑运来北京的。

云石是云南大理点苍山产出的大理石。点苍山的云石质地优良，花饰美观大方。在白色或浅灰色的背景上，由灰、深灰、褐、浅黄、褐黄等色调"绘"成了山水画。有"崇山峻岭"、"险峰彩云"、"山间溪流"、"壁悬瀑布"等，秀丽夺目，美如图画，是世界名贵的彩石，常用作工艺美术制品，如石屏风和石瓶等。

云石的加工性能和技术条件也很好，石质结构细致，磨光性好，块度大，毛坯石料都在一立方米以上，可以按需要尺寸和形状分割，切割时不破裂，石块中含杂质、斑点很少，透光度较好。

汉白玉栏杆

所以云石是最优良的一种工艺大理石。

把云石磨成 0.03 毫米厚的薄片，放在偏光显微镜下观察，可以发现方解石呈条带状微晶，矿物颗粒很细，大约在 0.1 ~ 0.5 毫米之间，粒度很均匀。主要矿物成分是方解石。此外，还含有少量的石英（<1%）、白云母（2% ~ 3%），磁铁矿、黄铁矿（<1%）等矿物。云石中的花纹成分为金云母、碳质、绿泥石、石英或角闪石、黑云母、斜长石等。

东北绿是一种蛇纹石化大理岩，是有名的雕刻原料。在白色的大理石背景上，稠密散布着浅绿色的蛇纹石，磨光后呈现美观的油脂状橄榄绿色，主要产在辽宁。

艾叶青是一种青灰、浅灰色大理岩，细粒到中粒结构，致密块状。磨光

后在青灰色的背景上散布着深灰色的稀疏曲纹，油光发亮而略带淡青，犹如晒干了的艾叶，所以称作艾叶青。艾叶青产于北京近郊周口店一带，是著名的建筑彩石。北京人民大会堂前的大石柱，就是用的艾叶青。

曲阳玉，一种白色粗粒大理岩。白底上散布着少量的黑色或深灰色斑点。产于河北。

曲纹玉，一种奶油色的大理岩。细到中粒结构，块状构造。磨光后，在浅奶油色背景上，均匀分布着深黄色铁质条纹和方解石晶粒组成的不规则的弯曲花纹，所以叫曲纹玉。是一种很好的建筑装饰用彩石。产于贵州。

紫纹玉，一种具紫色花饰的大理岩。细粒到中粒结构，块状构造。磨光后显示出深浅不同的紫色花纹，所以叫紫纹玉，可作建筑彩石之用。产在湖北大冶。

桃红，是肉红、桃红色呈玻璃光泽的大理岩。晶粒粗大，磨光后很像新鲜的伟晶岩中的微斜长石。是优良的建筑饰料。产于河北。

莱阳绿是一种蛇纹石化的大理岩。中粒到粗粒，暗绿色，橄榄绿色的蛇纹石呈粒状均匀分布在灰白色的大理岩中，是美丽的建筑彩石，产于山东莱阳。

东北红，一种紫色含叠层石化石的石灰岩，细粒结构，致密块状，磨光面在油亮的紫红色背景上有叠层石的圆圈细花纹，美观大方。北京火车站甬道中的大石柱就是用它来作材料的。产于辽宁金县震旦纪地层中。

紫豆瓣，就是紫色的竹叶状石灰岩。由竹叶状的砾石被钙质胶结形成的石灰岩。竹叶状的砾石为原来海底或海岸的岩石，被海浪冲击破碎后，经海水来回振荡，把棱角磨成长圆状，长 0.2～0.3 厘米，很像竹叶，所以叫做竹叶状灰岩。竹叶的边缘上由于氧化铁的存在而呈紫红色，叫做氧化圈。磨光后在油亮的紫红色的背景上，分布着紫色的平行排列的竹叶状花纹，别具一格，是很好的建筑彩石，产于山东、辽宁。

金墨玉指一种深灰至黑色结晶石灰岩，磨光后表面墨黑油亮，庄重严肃，是一种优良的建筑彩石，产于河北涿鹿。

云彩在浅灰白色的背景上，带有不规则形如云彩的紫色、灰色斑块的大理岩，细粒结构。产于湖北。

自然界能发光的奇石

古代印度有一个小山岗，就像我国的蛇岛那样，草丛里，树干上，到处都是眼镜蛇。有的蛇蜷曲蛰眠，有的在寻觅食物。人们发现，无论是白天，还是黑夜，眼镜蛇总是在一块大石头的周围打转转。奇妙的自然现象引起了人们极大的兴趣，人们探索着眼镜蛇以大石块为家的奥秘。

当夜晚来临的时候，在夜幕中，石头闪烁着微蓝色的亮光，就像黑夜里的火炬那样，招来许许多多昆虫在石头的上空飞舞，日长月久，石头上面竟落上一层昆虫的尸体。附近池塘里的青蛙贪食昆虫，一个个竞相跳来捕食那些小昆虫。可是贪食昆虫的青蛙哪里知道，眼镜蛇已躲在石头旁边，昂起脖子，睁圆眼睛，等待着它们的到来，准备吞而食之！当人们发现这个自然之谜是由于会发光的石头所引起的时候，便给这种石头取名叫"蛇眼石"。

"蛇眼石"是什么东西呢？经里德尔鉴定认为，蛇眼石就是萤石的矿物集合体。萤石在 X 光或紫外线的照射下，能够发出荧光。

人们还传说着一个迷信故事。在古罗马的战场上，已经战死的双方勇士

"蛇眼石"——萤石

们的鬼魂，还经常在夜间进行激烈的战斗。你看他们打着火炬，穿着隐身服，骑上战马，手拿钢刀，正在拼搏。每当天空中雷鸣电闪的时候，也正是他们英勇战斗的时候，时明时暗的火光就是他们挥动的火炬。

世界上是没有鬼魂的，所谓"鬼火"，实际上是一种含磷的岩石或死亡的动物骨骼中所含的磷，在阳光曝晒下，或在雷鸣电闪之后，或在 X 光的激发下，发出一种时明时暗的绿色火焰，在六七月份的傍晚，常常发生雷鸣电闪，促使磷在空气中燃烧，形成五氧化二磷，并产生发光现象。所以在夏天的傍晚，最易看到游动着的磷火。

自然界有许多矿物和岩石能发光，萤石能发光是因萤石中有混入物硫化砷；金刚石能发光是因为金刚石中混入了碳氢化合物；磷灰石或磷块岩能发光是因为含有磷。白天它们在阳光下曝晒，激发发光物质，晚上它们就释放能量，发出美丽的荧光或蓝色火焰。

相传，古代人把能发光的石头都叫"夜明珠"。千百年来，人们常常把它编成神话故事，将自然现象蒙上神秘的色彩。许多神话里都把夜明珠说成可以把龙宫照得如同白昼，可以把大地照得通明。不过，据记载，最亮的能发光的岩石——"夜明珠"，在距它半尺远的地方，是可以看清楚印刷品的。

地质学家指出，矿物和岩石有两种不同的发光性，一种是当矿物或岩石在外来因素的刺激下，如太阳的曝晒，更重要的是在紫外线或阴极射线的照射下，发出光来，当刺激停止后，又立即停止发光，这种发光性称为荧光，如萤石、白钨矿、金刚石发的光为荧光。另一种是当刺激停止后，还能继续发光，这种发光性称为磷光。磷灰石可发出磷光。

可以飘在水面的浮石

位于中朝边界的白头山，高耸入云，山巅洁白，如戴玉冠。有人说白头山上那些白色的东西是终年的积雪；有人说："若待雪消冰融后，群峰仍像白头翁。"按后一种说法，白头山上几个山峰都由白色、灰白色以及少量的浅黄色的石头构成。这种石头质轻，形如肺，看上去满目疮痍。放在水中能漂浮在水面上。《长白征存录》记载：天池"水面有浮石，形如肺，名海肺石"。

比水还轻的浮石

地质学上称这种石头为浮石，或称浮岩，俗称蜂窝石、江沫石、水浮石等。

黑龙江省德都县五大连池火山群是火山工作者向往的地方，那里有 14 座火山锥，其中老黑山和火烧山是 1719 年和 1921 年两次火山爆发的产物。火山锥上和坡脚下，遍地皆是多孔的浮石。碎石不大，人们在浮石上行走，发出咯吱吱的响声，别有一番情趣。

浮石的气孔约占岩石体积的 30%，地质学家称为气孔构造。岩石上的气孔是怎样形成的呢？近代实验岩石学表明浮石的气孔是这样形成的：当岩浆在地下深处时，因外部压力强大，挥发成分呈分散状态存在于岩浆中；当岩浆喷溢出地表后，因外部压力降低，熔岩内的挥发成分从岩体中析出成为气体，聚集成为气泡，并向上浮动。另一方面，因为温度降低，岩流表层黏度增大，因此阻止了气泡的浮动。这样，尚未逸出的气泡，就留在正在冷凝的岩石中，成为气孔。

浮石以玄武岩质居多，其他岩石也有气孔出现，但不太普遍。白头山上的浮石和五大连池的浮石，都是玄武岩成分的。

浮岩含有多种元素，主要有锆、铌、钼、铅、镓、锌、钡、铍、锶、硼和锰等，其中稀有元素五氧化二铌的含量达万分之一，有富集形成稀有元素矿床的可能。

浮石为天然多孔石材，自身容重为 600～1100 千克/立方米，抗压强度为 150～170 千克/立方米，是一种非常理想的轻骨建筑材料。此外，由于浮石质

地纯，容重轻，除了作轻骨料以外，还可以作普通水泥的掺和料，或磨细作无熟料水泥的主要原料。以无熟料水泥作胶结料，浮石作骨料，可以制作墙体砌块，保温和隔音性能好，用于建筑，价格低廉，符合质量要求。在熟料水泥生产过程中，掺入适量的浮石，不但可以提高水泥产量，而且可以改善水泥的某些性能。因此，在国外，浮石是建筑业中重要的天然轻质骨料之一。"摩天大楼"的建造也有浮石的一份功劳。美国的浮石用量约占天然轻质骨料总量的1/5。

有治病功能的石头

地质学与中医学看来是风马牛不相及的两门学科，但事实上却有着千丝万缕的联系。有些矿物、岩石和化石，最早是在中药学中认识的，并首先运用于医药中。

祖国医学已有数千年的历史，自古以来，医生经过"望、闻、问、切"之后，便要开药方用药。这些药物不外是植物、动物、矿物、岩石和化石等。我们翻开药物学历史，利用矿物、岩石和化石作药物的书籍很多。

朱 砂

中国古代药物学自成一个体系，即历代"本草"之学。本草中除大量的医药知识外，还包括丰富的植物、动物、矿物、岩石和化石等方面的科学知识。成为中国古代生物学、化学、矿物学、岩石学、古生物学和医药学的科学宝库。"本草"学在历代都有所充实和发展。到了明代，李时珍（1518～1592年）的巨著《本草纲目》问世（1596年），我国古代本草学进入了一个新的发展阶段。该书记载药物1892种，其

中矿物、岩石和化石 217 种，占药物的 14.53%，这些"药物"都是地质工作者的研究对象。

这里介绍几种矿物、岩石和化石在中药里的名称和用途，以开阔眼界，增长知识。

朱砂，即辰砂，或汞矿，为汞的硫化物。呈朱红色，比重很大，硬度较小，性脆，是定惊安神药。凡有睡卧不宁，烦躁不眠，惊痫癫狂之类的症状，必用朱砂。朱砂还能解毒医疮，但不宜久服，否则会汞中毒。

芒硝

磁石，即磁铁矿石或磁铁石英岩。为炼钢炼铁的原料。铁黑色，具有磁性，含铁量可达 40% ～ 72%。在中药里，它与朱砂、神曲制成"磁朱丸"，能治肝肠上亢引起的头晕头痛、耳鸣耳聋、目视不明及心神不安等症；磁石也是纳气平喘药方中的主味药物。

芒硝，即天然硫酸钠，呈白色的小晶体。有芒硝参与的药方，能治大便燥结、眼睛红肿、口内生疮等病症。

赭石

石胆，也称胆矾，为含水硫酸铜，呈铜绿色粉末。能止血止泻、收敛解毒。在医疗狂犬咬伤的处方里，它是主要药物。

硫磺，即自然硫，浅黄色，用手握住硫磺，受热后即发出噼啪的爆裂声。能温肠通便、杀虫止痒，还可补火助阳。

赭石，即赤铁矿，三氧化二铁，樱红色，含铁比较高，是炼铁的原料。赭石具有凉血止血、

菱锌矿

降逆止呕、清火平肝的效力，还可治高血压引起的头晕、目眩、耳鸣等症。

硼砂，为硼酸盐矿物，呈洁白的小晶体。是众所周知的解毒医疮药物，是有名的"冰硼散"中的主要药物，对急性咽喉炎、牙龈肿痛、中耳炎有很好的疗效。

炉甘石，矿物学上叫菱锌矿，化学成分为碳酸锌。可用于皮肤湿疮，溃烂久不收口，还可医治结膜炎、角膜炎等眼疾。

纤维石膏

石膏，成分为含水硫酸钙，白色，硬度很小。是清热降火的名药。有名的"白虎汤"里，石膏是主药，专医急性高热、口渴烦躁、出大汗等症。

雄黄，成分为硫化砷，桔红色。是久传于民间的解毒医疮杀虫药物。千百年来，我国人民有在端午时节，盛夏将临之际，洒、饮雄黄酒的习惯，就是应用雄黄的解毒、杀虫的功效。

禹余粮，即褐铁矿，是一种氧化铁矿石，有止泻止血的功能。

滑石，是含镁的硅酸盐矿物，白色至肉红色，硬度小，可以当石笔写字，有滑感。由六分滑石

雄 黄

和一分生甘草组成的"六一散"，专治心烦口渴、小便赤涩。

青石蒙石，变质岩中的绿泥石片岩，绿色，片状劈开。烧后研细称为"夺命散"，可医惊痫痰热，也可治精神病。

海浮石，岩石学上称浮石或浮岩，多孔质轻，黑色。将其入药可治肺结核所致的胸肋疼痛，还能化痰散结、清肺止咳。

花蕊石，即蛇纹石化大理岩，在中药里和三七配制药方，可治肺结核咯血与其他内、外出血。味辛涩，性平，无毒，具止血化瘀之功能，对吐血、便血等各种出血病有疗效。

赤石脂，即红色多水高岭石，能够涩肠止血，牧温生肌。含有高岭石的"桃花汤"，对泻痢便血有很高的疗效。

琥珀，为煤层中的昆虫化石，为生物学者珍爱，珠宝艺人所追求，也是中医的良药。"琥珀宝志丸"可治神志不宁，倦怠健忘。还有"琥珀抱龙丸"、"琥珀寿星丸"、"琥珀散"等。

龙齿、龙骨，是古代哺乳动物如犀牛、象类、三趾马等的牙化石和骨化石。"龙齿丸"、"龙齿散"、"龙骨散"、"龙骨汤"，也是治疗失眠多梦、体虚多汗、久泻不止及溃疡不愈的良方。

孔公孽，即石笋和石钟乳，成分为碳酸钙，呈竹笋状，或倒挂成石钟乳。味甘，性温，药力较猛，有补气固精明目之功，可用于肺气虚的咳嗽、气喘和肾虚的阳痿、遗精以及两目昏暗等疾病的治疗。

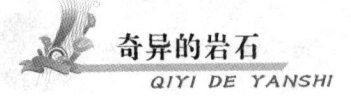

可以燃烧的油页岩

相传，在半个多世纪以前，在一个夏天的傍晚，一个牧童正赶着羊群回家。突然，电闪雷鸣，风雨大作，倾盆大雨如瓢泼。雨过之后，天空中出现了彩虹。在不远的山坡上冒出了一股股黄黑的浓烟，随风飘来一阵阵刺鼻的沥青臭味。牧童觉得奇怪，空旷的山坡上，是谁放的火呢？是什么东西在燃烧呢？好奇心驱使牧童去寻找，找到冒烟的地方一看，原来是山上的一堆褐红色的石头着了火。

石头怎么会着火呢？牧童大惑不解，去请教村里人。消息传开后，三村五里的人都来捡石头当柴烧，人们把这种红褐色的能燃烧的石头叫"红煤"。

油页岩

地质科学揭开了这个石头燃烧的奥秘，这种能烧的红煤，不是普通的石头，它和煤炭、石油一样，是能源家族中的一员，叫做油页岩，或称油母页岩。

油页岩是一种含碳质很高的有机质页岩，可以燃烧。岩石呈灰色、暗褐色、棕黑色，比重很轻，一般为 1.3～1.7。无光泽，外观多为块状，但经风化后，会显出明晰的薄层理。坚韧而不易破碎，用小刀削，可成薄片并卷起来。断口比较平坦，含油很明显，长期用纸包裹油页岩时，油就会浸透到纸上来。用指甲刻画，富于油泽纹理，用火柴可点燃。燃烧时火焰带浓重的黑烟，并发出典型的沥青气味。油页岩的矿物成分由有机质、矿物质和水分组成。在有机质中一般含碳 60%～80%、氢 8%～10%、氧 12%～18%，还有硫、氮等元素，是一种富氢的碳氢化合物。矿物质中含有硅酸铝、氢氧化铁和少量的磷、铀、钒、硼、锗等。

由于油页岩的可燃性物质含量高，闪电击在油页岩上产生的高温，促使油页岩的有机物中的碳与空气中的氧化合，形成二氧化碳并放出热，促使油页岩燃烧，这就是"红煤"燃烧的奥秘。

1千克油页岩燃烧可产生2000～3000千卡（1千卡＝4.18千焦）的热量，干燥油页岩的发热量约为4000千卡。3千克油页岩相当于1千克煤的发热量，5千克油页岩燃烧所产生的热量相当于1千克石油。因此，油页岩主要用来提炼石油和化工原料。建国初期，为发展我国的工业生产，毛泽东主席和周恩来总理曾召集地质学家研究，探索从油页岩中提炼石油，开辟人工石油的道路。后来，由于地质学家预示中国有丰富的石油资源，而人工石油的成本高，就放弃了走人造石油的路。其次，气化高温干馏油页岩可获得高温气体燃料，低温干馏生产煤焦油。油页岩还可以直接燃烧，作蒸汽机的动力燃料。此外，油页岩还可提取硫酸铵、水泥原料、润滑油和石蜡等300多种副产品。随着科学技术的发展，人类对能源的迫切需要，油页岩将会成为未来的重要能源之一。

油页岩是怎样形成的呢？油页岩的成因和煤差不多。在地质时期中，有的静水湖或死水湖泊里生长着繁茂的低等植物和浮游生物。这些低等生物死亡之后，遗体沉到了湖底，日积月累，逐层堆积起来，在缺氧的还原环境里，经过细菌作用，分解了生物遗体中的脂肪和蛋白质，再经过缩合作用，便成了腐泥。地壳在不停地运动，随着湖泊的不断下降，腐泥层被泥沙沉积物覆盖起来，在静水压力作用下，腐泥受压失去水分，并逐渐固结形成了腐泥煤，也就是油页岩。由于这种腐泥煤中夹杂着大量的无桃质，因此，人们认为，油页岩是一种由不纯的腐泥转化而成的可燃有机岩石。

我国的油页岩，主要在大陆湖盆中形成的。油页岩常在含煤岩层中出现，如河西走廊的厚煤层中夹有油页岩，东北抚顺巨厚的油页岩在两层煤矿之上。油页岩与煤共生的道理很简单，即随着湖泊和沼泽的发展，往往由形成油页岩的环境转变为形成煤的环境，因此二者共生。

我国油页岩的分布比较广泛，成矿时期比较长。有石炭纪（如桂东北等地），二叠纪（如新疆一些盆地）、三叠纪、侏罗纪（如河西走廊、陕北等地）、白垩纪（如辽宁）和第三纪（粤西南、辽宁抚顺、吉林的桦甸等地）。其中以侏罗纪和第三纪的油页岩最发育。

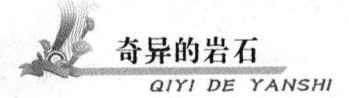
碳酸盐岩的新发现

1967 年的冬天，在江西武宁旧县城的石家祠堂旁边的石堆中，发现一块磨得非常光滑的青灰色石灰岩，长 19 厘米，宽 11.4 厘米，厚 2.5 厘米。人们

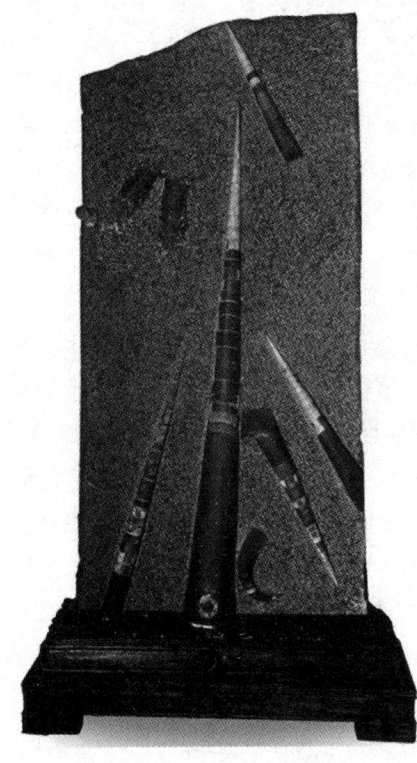

中华震旦角石

把灰尘擦去后，仔细看上去，上面有支像竹笋一样的角石化石。经古生物工作者鉴定，这是中华震旦角石，是我国特有的中奥陶世的标准化石。由此可以说明，这块岩石已经诞生 4 亿多年了。侧面，还有两行用行书体雕刻的一首五言绝句："南崖新妇石，霹雳压笋出。勺水润其根，成竹知何日？"署名庭坚。原来这是北宋诗人、书法家黄庭坚（公元 1045～1105 年）于宋神宗元丰三年（公元 1080 年）之后书写的一首五言绝句。诗中所说的南崖，在今修水城东南，紧靠修水之滨。黄庭坚曾在这里讲学和游览，至今那里仍保留了许多由他书写的石刻墨迹。因此，这块产有中华震旦角石的石灰岩标本已经保存有八九百年了。可以想象，当初这块标本是黄庭坚的心爱之物，特地题诗刻凿为记，并精心研磨成一件装饰品。

北京附近周口店的石灰岩溶洞，原来是北京猿人的广厦；西安碑林中有些石碑也是用石灰岩雕琢的。石灰岩是人类建筑史上最早使用的建筑材料之一。明代杰出的政治家和军事家于谦（1398—1457 年）有《咏石灰》诗一首："千锤万凿出深山，烈火焚烧若等闲；粉骨碎身浑不怕，要留清白在人间。"这首诗从字面上看，它写出了石灰是"千锤万凿"从深山里开采出来的石灰岩，经过"烈火焚烧"而成的，说明古人早已利用石灰岩了。诗人借石灰来抒发自己那种不畏艰难，不怕牺牲，愿意贡献自己力量的高尚意志。

不难看出，石灰岩等碳酸盐岩石，可称得上是人类的老朋友了。因为石灰岩中常常含有大量的动物化石，所以早在200多年以前，地层学家和古生物学家与它们就结下了不解之缘。然而，岩石学家过去对他们没做深入细致地调查研究，把它们当成化学沉积岩和浅海沉积的代表看待，甚至还误解了它的出生和性格。

从20世纪50年代以来，世界上许多地方的碳酸盐岩石中发现了石油，储量约占石油总储量的50%……这才引起了人们的重视，自20世纪60年代以来，随着研究程度的深入，碳酸盐岩的基本概念也有了很大的变化。地质人员惊呼，对碳酸盐岩这个老朋友已经需要重新认识了！

碳酸盐岩主要是石灰岩、白云岩以及它们之间的过渡岩石。此外，还包括产量较少的菱锰矿岩、菱铁矿岩、菱镁矿岩和天然碱岩等。

石灰岩就是可以用来烧石灰的岩石。纯石灰岩是一种重要的化工原料，可以制造的确良等合成纤维，也可作水泥的主要原料。它的矿物成分为方解石，化学成分是碳酸钙，性质较脆，易溶于水，硬度较小。纯的石灰岩为灰白色；含泥质的石灰岩，呈黄色；含氧化铁的石灰岩带红色；含锰质的石灰岩呈蔷薇色；含碳质的石灰岩呈黑色；含沥青质的石灰岩用锤子敲击时，可散发出蒜味。

白云岩是炼钢的助熔剂，也是水泥和合成纤维的原料。矿物成分为白云石，化学成分是钙镁碳酸盐。颜色多种，有白、灰白、淡黄、淡红、淡棕色等等。白云岩性质较脆，硬度较小，较易溶于水。

在碳酸盐岩的矿物成分中，除方解石和白云石外，还有文石、菱镁矿、菱铁矿、菱锌矿、铁白云石等碳酸盐矿物，此外，还有一些非碳酸盐矿物，如石英、燧石、海绿石、长石、胶磷矿、赤铁矿、黄铁矿、石膏、天青石、重晶石、萤石和石盐等。

许多碳酸盐岩石都保留了沉积时的一些痕迹，如由于干裂而成的"泥裂"；波浪冲击时留下来的"波痕"；沉积物顺着流水沉积形成的"层理"，以及水流方向发生变化形成的"交错层"等。这些痕迹说明，碳酸盐岩生成的环境是浅海到滨海环境。

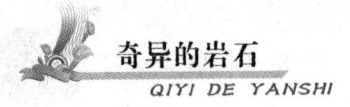
20 世纪 60 年代以来，对碳酸盐岩的重新认识是从研究结构开始的。对碳酸盐岩结构的研究发现，结构组分有四种，即粒屑、泥晶基质、亮晶胶结物和孔隙。

粒屑。相当于砂岩中的砂粒，是在海盆里由化学、生物化学或机械作用形成，在原地或经短距离搬运沉积形成的。

泥晶基质。又称灰泥或微晶基质，或称碳酸盐泥，粒度很细，呈泥状。分布在粒屑之间，成分是石灰质的，与泥岩和泥质砂岩中的黏土物质相似。

亮晶胶结物。它与砂岩中的胶结物相似，起胶结作用，是一些粒径大于 10 微米的碳酸盐矿物晶体，这种晶体十分明亮洁净，所以形象地叫做亮晶。

利用碳酸盐岩结构组分研究结果，可以解释为什么世界上 50% 的石油产在碳酸盐岩中。碳酸盐岩中石油储存在什么地方呢？现在看来，油和气都储存在碳酸盐岩的孔隙里，粒屑之间的孔隙、生物骨架中的孔隙、生物体腔内或其他粒屑内部的孔隙和亮晶之间的孔隙都是石油储存的地方。这个发现为在碳酸盐岩中寻找石油提供了科学依据，为解决能源危机作出了贡献。

生物"制造"的岩石

硅藻土和硅藻岩是生物骨骼组成的岩石，鸟粪石则是生物的粪便堆积形成的岩石。

硅藻土和硅藻岩

辽阔的海洋里有千奇百怪的生物，有大如轮船的鲸鱼，也有小如尘埃的藻类。即使在一滴海水中也可以包含几十万个微生物。海洋是一个生命繁衍的世界。

海洋中生活着一种硅藻，它的个体极小，只有 0.03 ~ 0.15 毫米。这种藻类的繁殖能力相当惊人，一繁十，十繁百，代代繁衍。硅藻岩的沉积相当快，只要几十万年的功夫，硅藻的尸体层层堆积起来，可达到几十米厚。

有一种体轻、色白、粘舌的岩石——硅藻土和硅藻岩，就是硅藻死亡后的壳和部分放射虫类的骨骼以及海绵的针刺等组成的疏松岩石。颜色为浅黄、浅灰、浅棕褐色等。质轻多孔，比重为0.4~0.7，干燥时比重为0.25~1，孔隙度可达90%~92%，熔点为1610℃~1750℃，光泽晦暗如土，吸收性强，粘舌，为典型的生物结构。性脆易碎。断口呈不平坦状或贝壳状。

硅藻土的矿物成分主要是硅藻的壳，含量可达70%~80%。还有蛋白石、黏土矿物、碳酸盐、海绿石、石英和云母等。

硅藻岩与硅藻土相似，但岩石比较致密。

小小生物形成的硅藻土，在现代化建设中的用途可大呢！由于大自然赋给它隔热、隔音、绝缘、过滤、吸附能力强等特性，所以硅藻土是盖音乐厅、电影院和高级宾馆的好材料，在工业上可作绝缘器材、过滤剂、漂白剂、吸附剂，还可作填料和陶瓷原料等等。

硅藻生活的水体中富含二氧化硅、黏土和火山灰。硅藻土形成的时代自白垩纪至现代。硅藻土是在阳光充足、气候温暖潮湿的条件下形成的。

鸟粪石

古代海鸟的粪便和骨骼堆积起来，呈层状埋在泥沙之下，经过固结硬化，成层状产出的岩石，人们称之为鸟粪石。鸟粪石颜色灰白，比较坚硬，是一种很好的磷肥原料，可以直接当肥料下地。它同现代的鸟粪不同，没有臭味，也没有脏的感觉。

在祖国大陆的南方，广阔的南海上散布着200多个岛礁沙滩，像一颗颗宝石镶嵌在绿波如茵的南海之中，这就是闻名中外的南海诸岛。在美丽富饶的西沙群岛树木茂盛，鸟粪石成层，厚达10余米，自古以来就是我国渔民生息和捕鱼的基地。

驯服噪声的珍珠岩

众所周知，世上的声音有两种：一种是乐音；一种是噪音。乐音是振动有规律的、和谐的，可以形成音调的声音；噪音则是振动没有规律、不能形成音调的声音。随着社会的发展，科学文化的进步，乐音越来越悦耳动听，而噪音污染也越来越严重了。

用来计算声音强度的单位是"分贝"。簌簌作响的树叶声有 20 分贝，轻声细语为 30 分贝，公共汽车行驶的声音为 80 分贝，喷气式飞机飞行的声音为 130 分贝。经医学研究表明，强度为 20～30 分贝的噪音，人们还可以容忍和习惯，当音响增大到 60 分贝时，就会引起人的不适，人体的内分泌将发生紊乱，神经官能症和精神病的发病率会增高。长期在 90 分贝以上的噪音下工作的人，会产生噪音性耳聋。120 分贝的噪音则会引起生理上的疼痛，使人不能忍受。

现在，人们已经开始防治噪音了，许多地方的防治工作卓有成效。噪音的防治措施主要有三种：一是控制噪音源；二是在音源附近装置隔音板、隔音罩、消音器、隔音墙和隔音地面等；三是人员防护，比如用护耳器、耳塞、耳套等。

自 20 世纪 70 年代以来，一种新型的吸声材料——珍珠岩受到了社会的极大重视。因为这种材料同蛭石等吸声材料一样，质轻，具有吸声、保温、无味、无毒、耐酸、耐碱、防腐、不燃等优点，所以是一种超轻质、高效能的吸声保温材料，目前已经广泛用于国防、建筑、化工、石油、冶金、电力和冷藏等部门。

岩石学上的珍珠岩，是指酸性喷出岩的一个特殊变种，是一种含水约 2%～6% 的火山玻璃质岩石。由于岩石中含有球粒和大量珍珠状的裂纹，所以叫做珍珠岩。珍珠岩中的球粒呈棕色到黑色，球粒直径为 2～3 毫米，大的达 6～8 毫米，有的呈肾状，有的聚集成透镜状集合体，有的呈条带状球粒夹层，夹层厚度一般为 2～6 毫米。

工业上所说的珍珠岩或膨胀珍珠岩，最早是由珍珠岩加工而成的。后来，松脂岩和黑曜岩也被加工成为质轻、吸声、保温的材料，它们的工艺性能与珍珠岩相同，所以又把珍珠岩、松脂岩和黑曜岩统称为膨胀珍珠岩。习惯上也可统称为珍珠岩。松脂岩和黑曜岩也是酸性火山玻璃质的岩石，都含有少量的结合水。它们之间的区别主要是含结合水的多少不同。按结合水的含量划分：含水大于 6% 者为松脂岩；6%～2% 者为珍珠岩；小于 2% 者为黑曜岩。岩石学上把这类岩石统称为酸性火山玻璃熔岩。

珍珠岩经煅烧后，体积可骤然膨胀 10～20 倍，所以工业上称为膨胀珍珠岩。由于煅烧后体积膨胀，岩石体内的孔隙增加几十倍，因此质轻。孔隙与孔隙之间仅有薄壁相隔，俨如蜂窝或海绵一样，这种构造使它成为工业上的优质吸声保温材料。

我国的珍珠岩资源丰富，主要分布在我国东部沿海一带。从黑龙江到海南岛一线，到目前为止，已发现有几十个矿点。珍珠岩的主要物理性质为：膨胀系数 10 ~ 20，比重 2.2 ~ 2.4，硬度 5.5 ~ 6.0，耐高温 1280℃ ~ 1360℃。

工业上评价珍珠岩的质量标准，主要根据它的膨胀性能，而对化学成分要求并不严格，要求二氧化硅含量在 70% 左右，含水在 4% ~ 6% 之间，三氧化二铁在 1% 左右即可。

辨别真金、假金的试金石

金灿灿的黄金，历来都被看做是最珍贵的金属。由此人们也把许多珍贵的物品、高尚的品德以及纯洁的思想、情操都用黄金作比喻。如"一寸光阴一寸金，寸金难买寸光阴"，形容时间同黄金一样宝贵。"真金不怕火炼"，形容忠贞不屈。

黄金是金属中的贵族，它熔点高，化学性质稳定，颜色金黄，硬度小，而比重大，历来是作首饰、货币、奖杯等的原材料。因为黄金珍贵，所以往往有人"鱼目混珠"，以假乱真，把不纯的黄金或貌似黄金的其他金属冒充真金。纯金很软，作货币或首饰的黄金必须加入银、铜、镍等其他金属，提高其硬度。所以，古人有"金无足赤"的说法。金的含量通常用 K（读开）来表示，规定纯金的含金量为 24K。如 1979 年我国发行的纪念金币，成色为 22K，就是由 22 分纯金和 2 分其他金属熔炼制成的。

古代辨别真金、假金以及金的成色，惟一的鉴定方法就是用试金石。试金石是一种测试真金与假金以及金的成色的石头。古代，由于科学技术水平所限，不可能采用精密的分析方法去鉴定黄金的成色，只能利用黄金的硬度小（摩氏硬度 2.5 ~ 3），在坚硬的岩石上刻划后，所留下的金黄色的痕迹来鉴别。地质学上称这种痕迹为条痕，也就是黄金粉末的颜色。既然是"金无足赤"，那么怎样辨认它所含杂质的多少呢？据明代宋应星所著《天工开物》记载，古代的鉴定标准是："金高下者，分七清、八黄、九紫、十赤，登试金

试金石

石上，立见分明"。这就是说，金在试金石上刻划出来的条痕为青色者，含黄金七成，杂质三成；条痕为黄色者，含黄金为八成，含杂质为二成；条痕为紫色者，含黄金为九成，含杂质一成；条痕为红色者，含黄金为十成。由此分辨金的成色。

试金石究竟是一种什么岩石呢？据考古发掘出土的古代金器和磨得很光滑的硅质岩块看来，我国的试金石大部分是用一种硅质砾石加工成的。试金石的硬度要大，以耐刻划；颜色要暗，易于观察条痕；表面要光滑平整，以便于测试。硅质岩的硬度为 6.5 ~ 7，不易磨损和风化，在河沟、干河谷、沙滩中都容易找到这种岩石。硅质岩的化学成分是二氧化硅（SiO_2），矿物成分是石英、蛋白石、玉髓和燧石等，颜色一般较浅，但当含碳质时可呈灰黑色，含三氧化二铁时呈红色。《天工开物》中说："广信郡河中石，入鹅汤者，光黑如漆。"意思是说，放在鹅汤里煮过的试金石，又光又黑，犹如黑漆一般。现在地质学者，也用试金石来鉴定金矿石中所含黄铁矿等杂质的多少。但试金石不放在鹅汤里煮也可以。黑龙江、吉林浑江一带淘沙金时，就用河中暗色的硅质岩卵石做试金石；有人在新疆的古采金硐遗址附近，也见到暗色的硅质岩卵石，看来这就是古人的试金石。戈壁滩上覆有"沙漠漆"的风成带棱石，也是一种可做试金石的暗色硅质岩。

硅质岩是由化学作用和某些火山作用形成的富含二氧化硅（SiO_2）。（可达70% ~ 90%）的岩石的总称。最坚硬的硅质岩要数碧玉岩和燧石岩了。碧玉岩主要由自生石英和玉髓组成，常呈红色、绿色、灰黄色和灰黑色等，是由火山喷出的二氧化硅（SiO_2）沉淀生成的，为地壳活动区的产物。

燧石岩即古代用来打火的火石。由蛋白石、玉髓和微晶质石英组成。致

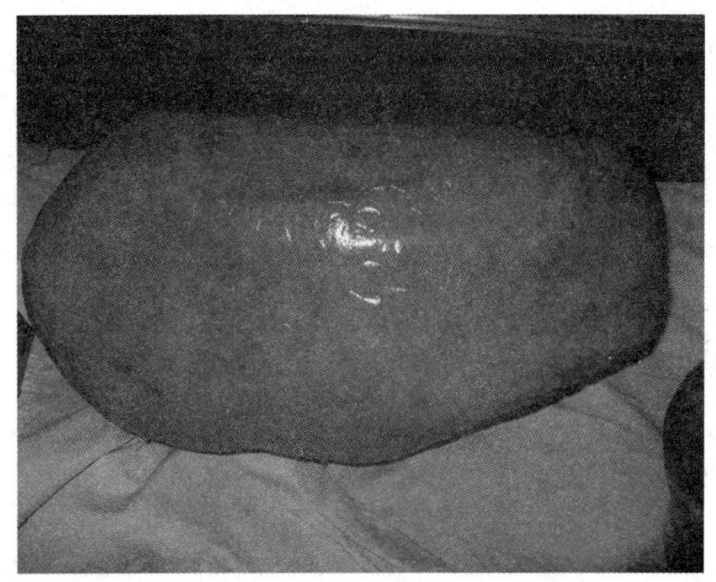

硅质岩

密坚硬，贝壳状断口明显。灰色或黑色。常呈层状、条带状、凸镜状或结核状产出。燧石条带或结核常产于碳酸盐岩层中。

　　碧玉岩和燧石岩都是试金石，且都是较好的研磨原料，可作油石和细工石料，色彩美观的可作宝石。

燧石的分类

　　燧石是自然界中比较常见的硅质岩石，也叫"火石"。致密、坚硬，多为灰、黑色，敲碎后具有贝壳状断口，根据其存在状态，分为两种类型：（1）层状燧石：多与含磷和含锰的黏土层共生，分层存在，单层厚度不大，但总厚度可达几百米。（2）结核状燧石：多产于石灰岩中，有球状、卵状、棒状、盘状、葫芦状、不规则状等结核体，一般只有5—15厘米，大的可达1—2米。

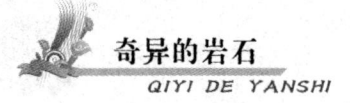

具有美丽流纹构造的流纹岩

流纹岩是一种酸性火山岩。它的化学成分，矿物成分与花岗岩一样，由石英，长石和少量的云母组成。结晶很细，甚至多半没有结晶。表面常有岩浆流动时的痕迹——流纹构造。流纹岩以浅红者为多，分布在沿海各省，但分布面积远比玄武岩和花岗岩少。有两种奇丽的流纹岩可供观赏。

盛开鲜花的岩石

在有的流纹岩的表面上，常出现极其精美的图案，有的像盛开的菊花，有的像分出枝杈的鹿角，有的像天空中的虹，像水滴和云雾，有的像山水画、花鸟屏，真是形形色色，奇妙万千，无所不有。

河北省兴隆县产的流纹岩，外观和普通流纹岩相似，肉红色，斑状结构，火山喷发时炽热熔浆流动的痕迹依然如喷发之初，此外，在岩石的表面上，有一种像菊花一样的花纹。这种花纹在磨光的岩石面上显得更加清楚，宛如深秋时节盛开的朵朵菊花，昂首怒放，也很像节日的礼花，在空中闪烁。人们把这种花纹美丽的流纹岩称为菊花状流纹岩。

这些"菊花"是什么物质呢？让我们用偏光显微镜来揭开它的奥秘吧！把菊花状流纹岩磨成 0.03 毫米厚的薄片，用树胶粘在一块长条状的玻璃片上，再盖上一个玻璃片，这就成为岩石薄片了。然后将岩石薄片放到偏光显微镜下去观察。很微细的矿物晶体就可以放大几十倍、几百倍，使我们看得非常清楚。

我们在偏光镜下看到，菊花状流纹岩由斑晶和基质两部分物质组成。斑晶是由长石和石英组成的，斑晶之间的基质是微细雏晶，形状像头发丝，它们聚集起来呈水滴状、枣核状、枣状和放射状分布。"菊花"就是这些头发丝状的雏晶矿物组成的，在岩石学上称为放射状结构。

流纹岩上菊花的形成是一个复杂的过程。当流纹岩质的岩浆喷出地表以后，温度急剧降低，压力减小，岩浆很快冷却，流动性减小，粘稠度增大，在温度急剧变冷的条件下，形成了结晶很不好的"雏晶"。此时，岩浆仍在缓慢地流动，雏晶在内聚力作用下，成为悬浮的乳滴状，当它们凝聚后，就构成了放射状，这就是在岩石磨光面上见到的菊花。

仙都石笋

浙江中部的缙云仙都，风光绮丽，怪石林立，山水竞秀，名胜古迹数不胜数。问渔亭下碧波浮翠，朱熹讲学楼前鸟语花香，真是仰俯皆是景，前后均入画。然而，仙都风景最引人入胜的，还是问渔亭前面的几支巨大的石笋，它们犹如雨后春笋，破土而出，耸立在问渔亭前。

仙都石笋

这几支石笋是什么岩石呢？它既不是沉积岩，也不是变质岩，而是一种火山岩——流纹岩。这是自然界罕见的地质现象。一般说来，石笋、石柱、石钟乳之类，多由碳酸盐矿物组成，砂岩的淋蚀石林也可以见到，但由流纹岩构成的石笋却是独此一处。石笋上一些平直或曲弯的流纹就是岩浆流动的痕迹。流纹条带一般宽 0.5～2 毫米，流纹由长条状矿物和拉长的气泡平行排列而成。

在距今 1 亿年前的白垩纪时期，仙都一带曾有酸性（流纹岩）火山熔岩喷发，石笋就是火山喷溢产物。流纹岩的化学成分中二氧化硅（SiO_2）占 65% 以上，这种岩浆的黏度较大，在地面上的流动速度就比较慢。岩浆流动过程中，气泡被拉长了，长条状矿物质顺岩浆流动方向平行排列，因此冷却

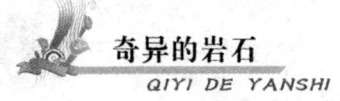
后流动构造十分明显。由于岩浆黏度大，流动范围也不广，常堆积在一个地方，形成奇特的钟状岩体，称为岩钟，针状岩体称为岩针。仙都的石笋就属岩钟和岩针一类。

仙都的流纹岩，由于岩浆的黏度大，冷却迅速，因此岩浆中的气体被包裹在岩石里面，形成了球状的球泡和珠泡。如果把球切开，切面是同心圆状，有空心的，也有实心的，球体内还含有玛瑙。